Hanna Buergel-Goodwin
Regina Fest

Hunde, die bellen, beißen doch

PIPER

Zu diesem Buch

Stimmt es, dass knurrende Hunde immer böse sind? Brauchen alte Hunde tatsächlich keine Beschäftigung mehr? Und laufen Hunde ihren Besitzern wirklich aus purer Liebe hinterher? Diese und viele andere Fragen beantworten die beiden Tierpsychologinnen Hanna Buergel-Goodwin und Regina Fest in ihrem Buch und zeigen dabei: Wenn der Mensch Führungsstärke beweist, folgt der Hund von ganz alleine. Ein unterhaltsames und höchst informatives Buch über das Zusammenleben von Mensch und Hund – mit zahlreichen erhellenden Beispielen aus Alltag und Praxis.

Hanna Buergel-Goodwin, geboren 1986 in Burglengenfeld, hilft als Tierpsychologin und Tierkinesiologin Hunden und ihren Besitzern (www.hanna-hilft.de). Außerdem leitet sie die Hundeschule Dogtales bei München.

Regina Fest, geboren 1951 in Berlin, ist freie Mitarbeiterin beim Bayerischen Fernsehen und ausgebildete Tierpsychologin. Als Hundeverhaltensberaterin ist sie spezialisiert auf Einzeltraining (www.hunde-therapeut.com). Regina Fest besitzt eine Rauhaardackelhündin namens Krümel.

Hanna Buergel-Goodwin
Regina Fest

Hunde, die bellen, beißen doch

Das kleine Lexikon der Hundeirrtümer

Piper München Zürich

Mehr über unsere Autoren und Bücher:
www.piper.de

FSC
www.fsc.org
MIX
Papier aus verantwortungsvollen Quellen
FSC® C083411

Originalausgabe
Januar 2013

Umschlaggestaltung: Semper Smile, München
Umschlagabbildung: GK Hart, Vikki Hart/Getty Images
Satz: Kösel, Krugzell
Gesetzt aus der Berling
Papier: Munken Print von Arctic Paper Munkedals AB, Schweden
Druck und Bindung: CPI – Clausen & Bosse, Leck
Printed in Germany ISBN 978-3-492-30099-5

Inhaltsverzeichnis

H

I

J

K

L

M

N

Vorwort

Wir erleben in unserer langjährigen Praxis als Hundetrainer und Tierpsychologen immer wieder Hundehalter, die mit ihrem Vierbeiner rundum harmonisch zusammenleben wollen. Sie möchten ihn problemlos überallhin mitnehmen und stolz auf ihn sein können. Folgt er dann noch zuverlässig, ist das Glück mit Hund perfekt. Doch so reibungslos funktioniert dies selten, da viel Wissen über den Hund auf Irrtümern beruht. Deshalb haben wir dieses Lexikon geschrieben, in dem wir auf eine lockere und anschauliche Weise erklären, wie ein Vierbeiner »denkt« und warum es zu Missverständnissen in der Mensch-Hund-Beziehung kommen kann.

Die für den Hundehalter relevanten Themen werden leicht verständlich dargelegt, sodass sie effektiv umgesetzt werden können.

Dem Leser wird unter anderem lebensnah vermittelt, warum es ein Irrtum ist, dass sich nur abgeleinte Hunde wohlfühlen, Anspringen oder Schwanzwedeln pure Freude ausdrücken, sie ihre Menschen absichtlich ärgern und gähnende Vierbeiner stets müde sind. Das Buch ist praxisorientiert und gibt leicht verständliche Anleitungen für den Zweibeiner, damit der Vierbeiner unter anderem lernt, zuverlässig zu kommen oder locker an der Leine zu gehen.

Zusätzlich erfährt der Hundebesitzer viel Neues über den besten Freund des Menschen, den Hund.

Hanna Buergel-Goodwin — Regina Fest

A

Nur **abgeleinte Hunde** fühlen sich wohl

Ist es Zeit für einen Spaziergang mit dem Vierbeiner, findet fast überall das gleiche Ritual statt. Der Hund steht freudig an der Haustür, sein Besitzer macht sich für den Ausflug fertig und greift schließlich zur Leine. Mit dem angeleinten Hund geht es dann auf dem kürzesten Weg zum Feld oder in den Park, damit das Tier schnellstmöglich nach Herzenslust frei herumlaufen kann. Nichts finden die meisten Hundebesitzer schrecklicher, als ihren Liebling an der Leine führen zu müssen. Sie sehen darin eine Freiheitsberaubung, die den Hund in seinem Bewegungsdrang stark einschränkt. Sie glauben, dass sich nur ein abgeleinter Hund wohlfühlt. Doch das stimmt nicht in jedem Fall!

Eine Leine hat für den Vierbeiner weitaus mehr Bedeutung als lediglich ein Strick mit einem Karabiner. Sie ist vor allem der verlängerte Arm des Menschen und die direkte Verbindung zwischen Zwei- und Vierbeiner. Dadurch gibt sie dem Hund unter anderem Sicherheit!

Hier eine typische Alltagssituation: Endlich ist es wieder Samstag, und der Hundebesitzer freut sich, mit seiner Familie zum Fußballspiel zu gehen, bei dem sein Sohn mitspielt. Selbstverständlich darf ihr lebhafter Border-Collie-Labrador-Mischling, der mittlerweile das Maskottchen der Mannschaft geworden ist, nicht fehlen. Auf dem Fußballplatz sind bereits eine Menge Zuschauer versammelt, Musik spielt, und viele Kinder laufen herum. Da ihr Vierbeiner gut hört und sehr verträglich ist, lässt die Familie ihn ohne Leine laufen. Damit tut sie ihm allerdings keinen Gefallen. Angeleint würde er sich viel wohler fühlen, denn so muss er immer darauf achten, seine Besitzer nicht zu verlieren. Gleichzeitig ist er gezwungen, auf die fremden Leute zu schauen, um nicht übersehen zu werden. Als sich die Familie endlich auf dem Rasen niederlässt, kann auch er sich ausruhen. Dann beginnt das Fußballspiel, was der Hund als Ballfan äußerst spannend findet. Sofort versucht er auf das Spielfeld zu laufen, doch es ertönt ein strenges »Hier!« und »Bleib!«. Auch wenn er daraufhin brav liegen bleibt, steht er enorm unter Spannung, denn er hofft auf eine weitere Gelegenheit, sich den Ball holen zu können. Auch diese Situation wäre für ihn an der Leine entspannter, er wäre mit seinem Menschen verbunden, könnte ruhig liegen bleiben und sogar ein Schläfchen machen. Bei Veranstaltungen wie dieser oder anderen Menschenansammlungen, etwa in einer Fußgängerzone, mögen Vierbeiner gern angeleint sein. Auch alte Hunde, die nicht mehr gut sehen oder hören, fühlen sich an der Leine wohler.

Hat ein Hund Angst vor Artgenossen, könnte es zudem sein, dass er ohne Leine die Flucht ergreift. Ist er angeleint, fühlt er sich sicherer, und sein Mensch kann ihm zeigen, dass er die Situation regelt und der Hund sich an ihm orientieren kann. Dazu geht er in konstantem Tempo und in aufrechter Körperhaltung vor seinem Hund an dem Artgenossen vorbei. Wichtig dabei ist, einen gewissen Abstand einzuhalten.

Ein wichtiges Kommunikationsmittel ist die Leine auch bei der Hundesportart Mantrailing, der Personensuche anhand von Gerüchen. Geht der Vierbeiner dabei der Spur eines Menschen nach, ist er immer an einer ungefähr sieben Meter langen Schleppleine. Der Halter hält diese ständig leicht auf Spannung. Dadurch ist der Vierbeiner in

Kontakt mit seinem Menschen und weiß, dass er ihm vertrauen kann. Somit kann sich der Hund voll auf die Suche konzentrieren, was ihm enorm viel Spaß macht.

Leider wird die Leine mitunter auch zum Bestrafen benutzt. Wirft man sie öfter einem sensiblen Vierbeiner hinterher, weil er nicht folgt, kommt dieser möglicherweise nicht mehr, solange die Leine für ihn sichtbar ist. Er hat sie mit etwas Negativem verbunden und wird beim Anleinen Widerstand zeigen.

Es gibt zudem noch weitere Situationen, in denen die Leine negative Emotionen auslöst (siehe auch: **Gefühle**). Steht ein Vierbeiner bereits unter Spannung, weil er seinen Erzfeind in der Ferne erkennt, und verkürzt ein Besitzer reflexartig die Leine, kann dies zu einem Auslöser für eine Leinenaggression gegenüber Artgenossen werden. Durch die größere Spannung wird der Hund erregter und zieht und kläfft erst recht.

Zerrt ein Besitzer seinen Hund ständig an der Leine hin und her und fort von allem, was diesen interessiert, kann dies das Tier irritieren und verunsichern. Für die Mensch-Hund-Beziehung ist das zudem wenig förderlich, da der Mensch keine Führungsqualität zeigt und den Hund dadurch überfordert. Er sollte die Leine nur benutzen, um den Vierbeiner am Weglaufen zu hindern; ansonsten sollte der Halter über Körpersprache und Kommandos auf den Hund einwirken.

Generell sollte natürlich jeder Vierbeiner die Leine von klein auf kennenlernen, sie sollte jedoch keinesfalls als Spielzeug zum Hineinbeißen oder Herumzerren benutzt werden. Spielt der Hund dennoch damit, sollte der Besitzer abrupt stehen bleiben, sich abwenden und erst wieder weitergehen, wenn der Vierbeiner sie losgelassen hat. Bleibt man konsequent, wird der Hund lernen, die Leine zu ignorieren.

Auch wenn der Hund das Angeleint-Sein in vielen Situationen sogar als etwas Positives empfindet, sind gut erzogene Vierbeiner am glücklichsten, wenn sie in einer für sie sicheren Umgebung abgeleint herumlaufen dürfen.

Aggressivität ist immer eine Verhaltensstörung

Aggressives Auftreten zählt zum normalen Ausdrucksrepertoire eines Hundes und muss nicht immer eine Verhaltensstörung sein. Jeder Vierbeiner hat einen angeborenen Aggressionstrieb, der zu seiner Überlebensstrategie gehört. Man kann dies gut bei älteren Tieren gegenüber jüngeren beobachten. Gerade Welpen und Junghunde lieben es, an erwachsenen Hunden hochzuspringen, um deren Lefzen zu lecken und sie zum Spielen aufzufordern. Irgendwann werden sie knurren oder schnappen, weil es ihnen mit dem jungen Gemüse zu viel wird. In diesem Fall ist dies eine kurze Maßregelung und eine völlig normale Reaktion. Es sagt nichts über die wechselseitige Sympathie aus, Alt und Jung verstehen sich hinterher nach wie vor gut.

Es kommt allerdings trotzdem oft vor, dass ein Hund als gefährlich aggressiv angesehen wird, obwohl er dies nicht ist. Beispielsweise geht ein Hundehalter mit seinem friedlichen Vierbeiner spazieren, als plötzlich ein selbstbewusster gleich großer, schwarzer Artgenosse heranstürmt und den eigenen Liebling überrennt. Irritiert und verunsichert schüttelt sich der friedliche Hund und läuft zu seinem Zweibeiner. Tage später begegnen sich die Tiere erneut. Doch dieses Mal lässt sich der eigentlich friedliche Hund nicht mehr überrennen, sondern wehrt sich bellend und Zähne fletschend gegen den schwarzen Artgenossen. Er reagiert damit zwar aggressiv, dies dient jedoch dem Selbstschutz. Ist ein Vierbeiner in einer für ihn ausweglosen Situation, wehrt er sich instinktiv. Es sei denn, er ist ängstlich und charakterschwach, dann wird er passiv reagieren, indem er sich unterwirft.

Erfährt ein Vierbeiner immer wieder Negatives, hatte er eine schlimme Vergangenheit oder kann er seine Aggressionen ungehemmt ausleben, steigert sich dieses Potenzial. So kann sich ein Vierbeiner tatsächlich zu einem Problemhund entwickeln. Ist dies der Fall, sollte fachliche Hilfe in Anspruch genommen werden.

Selbst ein ansonsten verschmuster, gutmütiger Hund kann sich schlagartig verändern. Ein Hundebesitzer geht beispielsweise mit seinem Vierbeiner zum Supermarkt, vor dem er seinen braven Liebling anleint. Während das Herrchen einkauft, kommen fremde Kinder heran, umringen den süßen Hund und streicheln ihn von allen Seiten gleichzeitig. Das kann bereits zu einem Stimmungswechsel führen. Da der Vierbeiner angebunden ist, kann er nicht ausweichen und fühlt sich bedrängt. Machen die Kinder weiter, wird ihm das schnell zu viel. Als erste Vorwarnung knurrt er, und instinktiv setzt sein angeborener Aggressionstrieb ein. Es ist gut möglich, dass er schnappt oder sogar versucht zu beißen, wenn sich die Situation für ihn nicht entspannt. Auf diese Weise versucht er lediglich, die Kinder, die ihn belästigen, auf Abstand zu halten. Obwohl Aggressivität zum Ausdrucksverhalten eines Hundes gehört, kann sie für Menschen also durchaus gefährlich werden. Daher sollte der Vierbeiner nicht in eine für ihn ausweglose Situation gebracht oder darin allein gelassen werden.

Hunde können gut **allein bleiben**, wenn es ihnen mitgeteilt wird

»Ich bin gleich wieder da!«, oder einen ähnlich klingenden Satz sagt der Hundebesitzer, bevor er die Haustür hinter sich schließt. Er erwartet daraufhin, dass sein Liebling ruhig zu Hause bleibt. Schließlich hat er ihm ja mitgeteilt, dass er bald wieder zurück ist. Doch das ist ein Irrtum. Kein Hund versteht diese Sätze und bleibt daraufhin entspannt in seinem Körbchen (siehe auch: **verstehen**). Im Gegenteil, ein Vierbeiner, der erst eine Ansprache bekommt und im darauffolgenden Moment allein gelassen wird, findet das sehr verwirrend. Trotzdem hoffen Hundebesitzer, die zum Einkaufen gehen oder halbtags arbeiten, dass ihr Vierbeiner gut allein bleiben kann und nicht mehr jault, kläfft oder die Wohnung auf den Kopf stellt.

Warum akzeptiert der Hund nicht, allein zu sein, obwohl sein Mensch sich doch von ihm verabschiedet hat? Er kennt schließlich sein Zuhause gut, kann es sich jederzeit auf der Couch gemütlich machen, weiß, wo sein Futter steht, und hat zum Abschied noch ein besonderes Leckerli bekommen. Hunde sind jedoch Rudeltiere, für die es nicht normal ist, allein zu sein. Aber auch sie können lernen, allein zu bleiben! Doch der Mensch macht ihnen das nicht immer leicht.

Schaut man den Hundealltag an, sieht man oft Hundebesitzer, die es süß und niedlich finden, wenn ihr Vierbeiner ihre Nähe sucht. Sie freuen sich darüber, stets mit ihrem Liebling zusammen sein zu können. Doch irgendwann verändert sich plötzlich die Situation für den Vierbeiner. Er muss allein zu Hause bleiben. Sein Mensch glaubt, dass sich das Tier dort am wohlsten fühlt. Doch für den Hund bricht damit eine Welt zusammen, wenn er nicht immer bei seinem Menschen sein kann (siehe auch: **Hinterherlaufen**). Er kann nicht so weit denken, dass sein Mensch zurückkommt.

Wurde es einem Hund nie Schritt für Schritt beigebracht, über eine gewisse Zeit allein in den vier Wänden zu bleiben, kann sich durchaus eine Trennungsangst entwickeln. Der geliebte Vierbeiner reagiert gestresst, jault und kläfft, bis sein menschliches Rudel wiederkommt. Wenn es sein muss, stundenlang – zur Freude der Nachbarn. Denn eins hat er schnell begriffen: Kläffe ich lange genug, kommt mein Mensch wieder! Dieses Wiedersehen ist unbeschreiblich. Der Hund springt hoch, wedelt ekstatisch mit dem Schwanz und jault in den höchsten Tönen, weil sein Besitzer wieder bei ihm ist. Fast jeder Hundebesitzer reagiert in dieser Situation gleich. Überschwänglich wird der Vierbeiner geherzt, und der Mensch ist über die Freude seines Lieblings gerührt. Denn von welchem Familienmitglied wird man so freudig begrüßt? Der Partner umarmt einen sicher nicht stürmisch, nur weil man im Supermarkt noch etwas zu essen eingekauft hat.

Möchte man, dass sein Vierbeiner entspannt alleine bleibt, sollte auf Willkommensrituale verzichtet werden. Denn der Schein trügt! Der Hund freut sich nicht nur über die Rückkehr seines Menschen, sondern ist vor allem erregt. Das Anspringen bedeutet: Tu das nie wieder! Der Vierbeiner fühlt sich berechtigt, seinen Besitzer für das Alleinsein zu maßregeln, denn sein Mensch gibt ihm während der Begrüßung ausreichend Aufmerksamkeit, die sein freches Verhalten bestätigt (siehe auch: **Anspringen**). Deshalb ist es wichtig, den Hund bei der Rückkehr nicht zu beachten, auch wenn es dem Zweibeiner richtig schwerfällt! Einigen Hundebesitzern hilft es, wenn sie sich zum Beispiel eine Zeitung im Flur parat legen, um gleich interessiert darin lesen zu können. Dadurch fällt es ihnen leichter, ihren Liebling so lange zu ignorieren, bis er sich ruhig verhält (siehe auch: **Ignorieren**). Ist der Hund still und bleibt mit allen vier Pfoten auf dem Boden, kann er selbstverständlich ausgiebig begrüßt werden. Durch dieses Verhalten seines Menschen lernt er, dass das Wiederkommen seines Besitzers zum normalen Tagesablauf gehört.

Bereits im Welpenalter sollte damit begonnen werden, den Hund für einen kurzen Moment allein zu lassen, indem man sekunden- oder minutenweise mehrmals am Tag die Türen öffnet und wieder schließt. Der Vierbeiner ist darüber erst einmal verwundert, findet es jedoch nach ein paar Tagen langweilig, eine geschlossene Tür anzustarren. Er entspannt sich, weil auch sein Mensch daran gedacht hat, ihn beim Hereinkommen ins Zimmer nicht zu beachten. Relativ schnell lernt er, dass der Besitzer immer wiederkommt und von ihm getrennt zu sein etwas ganz Normales ist. Auch wenn in Extremfällen Welpen oder Junghunde herzzerreißend fiepen, sollte der Halter konsequent weiterüben. Wenn der Hund gelernt hat, ruhig zu bleiben, während man in einem anderen Raum ist, beginnt man mit dem bekannten »Weg zum Briefkasten«. Der Hundebesitzer greift zu Schlüssel und Jacke und verlässt mehrmals am Tag wortlos die Wohnung. Ergibt sich ein nachbarschaftliches Gespräch in der Nähe der Haustür, sollte der Besitzer darauf achten, dass ihn der Hund weder hören noch sehen kann. Bleibt der Vierbeiner nach einiger Zeit länger entspannt allein, ist es geschafft, und auch sein Mensch kann nun länger fortbleiben.

Dennoch sollte ein Hund nicht zu viele Stunden am Tag allein bleiben müssen.

Alphahunde sind die Chefs und bestimmen alles

Noch heute herrscht bei vielen Hundebesitzern die Meinung vor, dass es Vierbeiner gibt, die typische Alphahunde sind. Sie hätten extreme Führungsansprüche und würden sich von ihrem Menschen nichts sagen lassen. Ihre Halter sind der Auffassung, dass sie die Chefrolle gern übernehmen wollen und ihren »Job« perfekt ausführen können. All dies ist ein Irrtum, denn den Alphahund, der das alles bestimmende Leittier ist, gibt es nicht. Selbst neueste Erkenntnisse in der Wolfsforschung besagen, dass unter Wölfen kein Alphatier existiert. Wölfe leben in einem Familienverband, in dem ein Männchen und ein Weibchen die Führung haben. Das ist durchaus vergleichbar mit einer Menschenfamilie, in der die Eltern dafür sorgen, dass ihre Regeln eingehalten werden.

Die Leittiere eines Rudels sind souverän, in ihrem Wesen gefestigt, vermitteln Sicherheit und sind in einer guten körperlichen Verfassung. Allerdings sind sie auch auf die Hilfe ihrer Rudelmitglieder angewiesen. Hat beispielsweise ein Mitglied der Wolfsfamilie eine besondere Begabung,

Beute aufzuspüren, so wird ihm das gesamte Rudel folgen. Dies ist nur möglich, weil die Leitwölfe die Fähigkeiten anderer Rudelmitglieder zulassen, wie beispielsweise das Fährtenlesen. Auch in der Mensch-Hund-Beziehung kann sich ein Hundebesitzer auf das Können seines Hundes verlassen. So sind zum Beispiel Drogenhunde am Flughafen für den Zoll eine große Unterstützung. Bei dieser Arbeit vertraut der Mensch dem phänomenalen Geruchssinn der Tiere.

Doch um die Fähigkeiten eines Hundes nutzen zu können, ist es notwendig, dass der Besitzer die Führung hat. Bekommt ein Hund zu viele Freiheiten, fühlt er sich bald als Chef. Kein Haushund ist jedoch der Rolle eines alles bestimmenden sogenannten Alphatieres gewachsen, denn dafür ist er nicht geboren und bringt die notwendigen Fähigkeiten von Natur aus nicht mit. Er braucht es, von seinem Menschen geführt zu werden. Erfüllt sein Besitzer dies nicht, übernimmt der Vierbeiner die Führungsaufgabe, die ihn jedoch überfordert.

Ein junger Mensch, der eben erst sein Studium beendet hat, würde sich genauso unwohl fühlen, wenn ihm sein Arbeitgeber die Leitung einer Abteilung mit fünfzig Mitarbeitern übertragen würde. Zur Einarbeitung bliebe ihm kaum Zeit, denn schon würden die Kollegen mit ihren Wünschen zu ihm kommen. Der neue Chef wäre damit restlos überfordert und würde schon bald unter Dauerstress leiden, denn permanent ruht die Verantwortung, der er nicht gewachsen ist, auf seinen Schultern.

Wie dem jungen Menschen in einer solchen Position ergeht es dem Hund. Er wäre froh, wenn er ein Familienmitglied sein könnte, das keine Entscheidungen treffen muss. Da es für ihn unmöglich ist, seinen Menschen auf hündische Weise zu führen, erzeugt diese Aufgabe negativen Stress (siehe auch: **Stress**). Daher führen solche Konstellationen häufig zu unerwünschten Verhaltensweisen, die sogar für den Besitzer und die Umwelt gefährlich sein können (siehe auch: **Verhaltensstörungen**). Oft werden deshalb sogenannte Alphahunde in Tierheime abgegeben, weil es der Besitzer nicht geschafft hat, die Führungsrolle zu übernehmen. Es ist daher unbedingt notwendig, dass der Zweibeiner seinen Vierbeiner leitet und ihm liebevoll zu verstehen gibt, dass er sich um nichts zu kümmern braucht, weil er sich voll und ganz auf seinen Menschen verlassen kann.

Der **Alphawurf** ist die beste Methode, den Hund zu züchtigen

Es könnte so einfach in der Hundeerziehung sein: einmal den Vierbeiner auf den Rücken werfen, um ihm zu signalisieren, dass er etwas falsch gemacht hat. Auch könnte man dem Hund ohne großen Aufwand durch diesen sogenannten Alphawurf zeigen, wer das Sagen hat. Doch das ist falsch, und von dieser Methode ist unbedingt abzuraten!

Kein Vierbeiner darf mittels des Alphawurfs gezüchtigt werden. Selbst in einem Hunderudel wird sich diese Erziehungsmethode nicht finden. Sicher unterwirft sich der Rangniedrige dem Ranghöheren, indem er sich auf den Rücken legt. Jedoch macht er dies von sich aus, um dem anderen zu demonstrieren, dass er dessen Sozialstatus anerkennt.

Man kann das gut beobachten, wenn ein unterwürfiger Welpe einem erwachsenen Tier zu nahe kommt, der beispielsweise gerade einen Kauknochen im Maul hat. Knurrt dieser kurz, legt sich der Kleine hin und präsentiert seinen Bauch. Kein Hund wird von einem gut sozialisierten Artgenossen einfach so auf den Rücken geworfen, um ihm zu zeigen, wer der Chef ist. In seltenen Fällen kann es durchaus vorkommen, dass ein Hund einen anderen grob umwirft und dieser auf dem Rücken landet. Ein Vierbeiner ist in jedem Fall über solch ein menschliches oder hündisches Verhalten schockiert und kann es nicht einordnen.

Außerdem hat kein Hund die Möglichkeit, durch den Alphawurf sein Verhalten auf eine bestimmte Situation hin zu verändern oder etwas zu unterlassen. Wird er dennoch durch den Menschen dazu gezwungen, sich auf den Rücken zu legen, wird er in manchen Fällen eine Verteidigungsposition einnehmen. Vor allem wenn er dominant ist, wird er diesen Wurf nicht dulden und vielleicht zuschnappen (siehe auch: **Dominante Hunde**). Andere Hunde geraten vielleicht in Panik und werden sich mit einer Abwehrreaktion schützen.

Auch junge Hunde können ordentlich zubeißen, wenn sie wegen jeder Unart – sei es in die Leine beißen oder anhaltendes Bellen – auf den Rücken gedreht werden. Zusätzlich werden sie dann noch so lange festgehalten, bis sie sich nicht mehr bewegen. Als Folge dieser Art von Maßregelung werden sie nach kurzer Zeit durch diese negativen Erlebnisse ihrem Besitzer ausweichen und sich nicht mehr gerne anfassen lassen. Durch dieses Misstrauen von Seiten des Hundes entsteht eine Mensch-Hund-Beziehung, die auf Angst und Einschüchterung statt auf Vertrauen basiert.

Alte Hunde brauchen keine Beschäftigung mehr

Hundebesitzer mit einem agilen, energiegeladenen Hund sind oft begeisterte Anhänger des Hundesports. Ihre Lieblinge springen mit Freude durch Reifen und über Hürden oder bringen es sogar bis zum deutschen Meister im Dog-Frisbee. Andere Hundehalter schätzen ihre Vierbeiner als Begleiter beim Radfahren, Bergsteigen oder auf der Jagd. Doch dann wird der Hund alt. Er wird langsamer, sein Fell ergraut, und die Aktivitäten lassen nach. Sein Mensch kann mit ihm keine Gipfel mehr erklimmen, kilometerlange Spaziergänge sind für den Vierbeiner ebenfalls zu anstrengend geworden. Viele Halter schließen daraus, dass ihrem Liebling zu viel Bewegung nicht mehr guttut. So hören sie daher auch mit dem täglichen Beschäftigungsprogramm – wie dem Ballwerfen – auf, um ihn zu schonen. Sicher genießt es mancher Besitzer, dass sein Vierbeiner ab einem gewissen Alter mehr Ruhe braucht, länger schläft und nicht mehr überall dabei sein möchte. Das sollte allerdings nicht dazu führen, dass der Hund zu wenig Beschäftigung und Bewegung bekommt. Wie beim Menschen, so gilt auch für den Hund: »Wer rastet, der rostet.« Längere, regelmäßige Spaziergänge in gemäßigtem Tempo schätzt der betagte Vierbeiner sehr, denn seine Gewohnheiten liebt er nach wie vor. Lockeres Traben über eine kurze Strecke hält die Wirbelsäule und den Kreislauf fit. Ebenso schonend für den gesamten Bewegungsapparat ist für alle Hunde das Schwimmen im See. Gäbe es eine Liste der beliebtesten Hundespiele, stünden sicher Wurfspiele an erster Stelle. Hinter dem Ball herrennen sollte der Senior jedoch nicht mehr, da seine Gelenke auf Dauer durch das abrupte Abbremsen zu sehr beansprucht werden. Besser ist es, die Aktivitäten den Bedürfnissen des älter gewordenen Tieres anzupassen. Ist der Hundebesitzer früher durch den Park gejoggt, bietet sich stattdessen jetzt ein gemütlicher Spaziergang an oder auch ein gelegentliches Suchspiel. Mehrmals kann man hierbei den Hund warten lassen und zum Beispiel Leckerlis oder das Lieblingsspielzeug verstecken (siehe auch: **Suchspiele**). Geistige Beschäftigungen sollten auch beim alten Hund im Vordergrund stehen. Mit dieser Spielart kann der Mensch seinen Hund auch gut in der Wohnung auslasten. Ein gefüllter Kong (kegelförmiger, hohler Gegenstand) oder andere Intelligenzspielzeuge machen auch dem alten Hund viel Freude. Bei abwechslungsreicher, seinem Alter entsprechender Beschäftigung wird er einen schönen Lebensabend verbringen.

Für Menschen ist es eine Selbstverständlichkeit, Trost zu spenden, sobald jemand Angst hat. Eine Mutter wird sofort beruhigend auf ihr kleines Kind einreden, wenn diesem etwas nicht geheuer ist und es zu weinen beginnt. Dem Kind hilft es, bei Angst getröstet zu werden. Beim Hund bewirkt dies jedoch das Gegenteil. Besänftigendes Zureden bestätigt ihm, dass es richtig ist, sich zu fürchten, und verstärkt die Angstsymptome, wie zum Beispiel das Speicheln oder Zittern.

Viele Hundehalter sorgen sich bereits Wochen vor Silvester um ihren Liebling. Wird er sich wieder in der Bügelwäsche verstecken? Oder sabbert er den echten Orientteppich voll? Sollte man seinem Liebling erzählen, Nachbars Katze sei draußen, damit er freiwillig vor die Haustür geht? Denn auf eines können sie sich hundertprozentig verlassen: Silvester kommt bestimmt! Und damit auch die Knallerei, die der Vierbeiner so fürchtet. Da sich dieser Tag nicht vermeiden lässt, wird der Hund mit einem besonderen Silvestermenü verwöhnt und bekommt zusätzlich mehrere Kauknochen zur Ablenkung. Doch nichts hilft! Geht das Feuerwerk so richtig los, zittert er, hechelt und verkriecht sich instinktiv in die hinterste Ecke. Vergeblich versucht ihn der Besitzer mit feiner Leberwurst zu locken. Wenn sein Liebling selbst diesen Leckerbissen verschmäht, können wohl nur noch tröstende Worte helfen. Doch das ist grundfalsch. Denn statt ruhiger zu werden, reagiert der Vierbeiner immer ängstlicher. Hinzu kommt, dass sich der Mensch aus Sicht des Hundes seltsam verhält. Er schenkt ihm mehr Aufmerksamkeit als gewohnt, was für das Tier zusätzlichen Stress bedeutet. Auch wenn es schwerfällt, sollte sich der Halter souverän zeigen und das ängstliche Verhalten seines Hundes ignorieren (siehe auch: **Ignorieren**). Hilfreich ist es, zur Vorbereitung auf Silvester bereits einige Tage vorher als Geräuschkulisse das Radio oder den Fernseher laufen zu lassen.

Es gibt auch sehr viele andere Dinge, vor denen Hunde Angst haben. Auslöser können neue Situationen, fremde Geräusche, Personen und vieles mehr sein. Generell gilt: Wenn der Halter in solchen Momenten Ruhe und Souveränität ausstrahlt, hilft er seinem Vierbeiner, sich sicher zu fühlen. So sollte der Mensch mit Abstand und in normalem Tempo am Angstauslöser vorbeigehen. Würde der Halter beruhigend auf seinen Vierbeiner einreden, würde er dessen Angst bestätigen.

Auf einer von Hunden erstellten Ängste-Skala stünde wahrscheinlich der Staubsauger ganz oben. Dieses Ungetüm mit seinem langen Rüssel, dem unförmigen Körper und dem lauten Pfeifen und Brummen ist Vierbeinern zutiefst zuwider. Wenn dieses Monstrum dann noch direkt auf sie zusteuert, ist höchste Alarmstufe geboten. Das Ding soll stehen bleiben oder verschwinden, was der Hund durch Kläffen oder Hineinbeißen unmissverständlich klarmacht. Doch die laute Maschine lässt sich davon nicht beeindrucken, und der Mensch macht gnadenlos weiter mit dem Hausputz. Manche Hundebesitzer beschließen daher, nur noch zu saugen, wenn der Hund außer Haus ist. Das ist sicher keine gute Lösung und stellt zumindest Singles vor eine große Herausforderung.

Viel besser ist es, den Umgang mit dem Staubsauger zu üben. Man beginnt damit, ihn in der Mitte des Zimmers aufzustellen, ohne ihn einzuschalten. Der Vierbeiner ewöhnt sich an den Anblick des »Feindes« und erlebt gleichzeitig, dass dies ein ungefährlicher Gegenstand ist. Jetzt kann man den Staubsauger ab und zu einschalten, zunächst jedoch, ohne ihn zu bewegen. Zur Verstärkung wird ein besonders köstliches Leckerli daraufgelegt oder der Vierbeiner direkt daneben gefüttert. Ist er daran gewöhnt und zeigt keine Furcht mehr, kann man den Staubsauger bewegen und dem Hund gleichzeitig Futterhappen zuwerfen. Anfangs sollte man nie direkt auf ihn zusteuern. Wird das über eine längere Zeit geübt, können die Leckerlis weggelassen werden, denn der Vierbeiner wird jetzt keine Angst mehr vor dem lärmenden Mitbewohner haben.

Hunde, die generell ein extremes Angstverhalten zeigen oder besonders aggressiv sind, benötigen dagegen auf jeden Fall therapeutische Hilfe (siehe auch: **Tierpsychologen**). Mit Geduld und Einfühlungsvermögen können die Ängste vermindert werden oder verschwinden sogar ganz.

Mit **Anspringen** drücken Hunde pure Freude aus

»Mein Hund freut sich genauso wie ich auf Besucher, er zeigt es eben durch Anspringen.« Diese Meinung teilen viele Hundebesitzer. Doch dies ist ein Irrtum! Nur, weil er an Menschen hochspringt, ist das beim Vierbeiner nicht die pure Freude. Auch der Zweibeiner ist meist nicht gerade begeistert, wenn ihm ein großer Hund sein Pfotenautogramm auf den weißen Mantel drückt, versucht, ihm das Gesicht abzulecken oder wie ein Gummiball an ihm hochspringt. Das Verhalten des Hundes nervt ihn eher, als dass es ihn freut. Die meisten Leute versuchen, den Hund mit den Armen abzuwehren, was zwar kurzfristig funktioniert, nur leider lernt der Hund dabei nichts, sondern wird jeden Menschen beim nächsten Mal genauso stürmisch empfangen. Schließlich hat dieser auf sein Anspringen reagiert. Manche Hundebesitzer glauben, dass sich die stürmischen Begrüßungen geben werden, wenn der Hund erwachsen ist, was allerdings bedeuten würde, dass er sich dann nicht mehr freut. Dies ist natürlich nicht der Fall, ebenso wenig bei Welpen, die ihre Mutter oder andere Hunde anspringen, um deren Mundwinkel zu lecken. Sie zeigen das angeborene Futterbetteln, während sie sich der Situation angepasst unterwerfen. Dies hat jedoch nichts mit Freude zu tun, und es ist auch kein Argument dafür, warum junge Hunde an Menschen hochspringen müssen. Sie verwechseln ihre Mutter sicher nicht mit ihrem neuen Besitzer.

Würden Vierbeiner hauptsächlich durchs Anspringen ihre Freude ausdrücken können, dürften sich niemals eine Dogge und ein Dackel aufeinander freuen. Hunde begrüßen sich nicht durch Anspringen, das würde ihrer »Freundschaft« eher im Wege stehen. Stattdessen laufen sie oft in einem Bogen aufeinander zu und beschnüffeln sich. Zeigt trotzdem ein Vierbeiner dieses stürmische Verhalten gegenüber einem Artgenossen, fühlt dieser sich belästigt.

Auch wenn es der Hundebesitzer nicht wahrhaben will: Springt sein Liebling Menschen an, zeigt er ein aufdringliches, pöbelndes Verhalten, das nicht akzeptiert werden sollte. Allein die Vorstellung, dass sich Menschen vor lauter Freude anspringen, ist schon sehr unangenehm. Eine Gesichtswäsche dazu will man sich gar nicht bildlich vorstellen.

In vielen Fällen wird der Hund zum Anspringen animiert, da die Zweibeiner ihn als Ersten ansprechen – vor ihrem Partner oder dem Besuch. Dadurch lernt er, wie wichtig er ist. Was auch nicht verwunderlich ist, die meisten Hundebesitzer, die sich im Park treffen, kennen alle Vierbeiner, nicht aber die Namen der dazugehörigen Herrchen und Frauchen. Der Hund begreift durch das Verhalten seines Menschen, welchen Stellenwert er hat, und findet es daher völlig normal, durch sein unerwünschtes Betragen im Mittelpunkt zu stehen. Denn je mehr er pöbelt, umso mehr Aufmerksamkeit bekommt er. Um dem Hund in der Wohnung dieses Benehmen abzugewöhnen, wird er angeleint und bleibt bei seinem Besitzer, wenn es an der Tür klingelt. Versucht er dennoch, hochzuspringen, wird er ignoriert (siehe auch: **Ignorieren**). Zeigt er das erwünschte Verhalten, wird er in ruhigem Tonfall gelobt. Besucher sollten darauf verzichten, den Hund wie gewohnt als Ersten zu begrüßen. Es wäre sogar hilfreich, vorübergehend ein Schild an die Außentür zu hängen mit der Bitte, den Menschen als Erstes zu begrüßen und den Hund nicht zu beachten, bis dieser sich beruhigt hat.

Hält der Hund auch auf der Straße jeden Entgegenkommenden für einen »Besucher« oder reicht schon ein Gruß, den Vierbeiner hochspringen zu lassen, sollte ihm das ebenso abgewöhnt werden. Natürlich könnte der Hundebesitzer jeden menschlichen Umgang draußen meiden, indem er nur noch einsame Waldwege entlangspaziert. Da das aber wenig alltagstauglich ist, gibt es auch die Möglichkeit, bei Entgegenkommenden den Hund anfangs rechtzeitig anzuleinen und ihm mithilfe eines Leckerlis beizubringen, dass diese »neuen« Menschen total langweilig sind. Das geht am besten, indem man dem Vierbeiner ein Leckerli unter die Nase hält und es ihm gibt, sobald er den ersten Blickkontakt mit den Passanten aufgenommen hat. Zusätzlich sollte man zügig mit Abstand weitergehen. So fällt es dem Vierbeiner leichter zu lernen, dass durch die Futtergabe sein Mensch interessanter ist. Bei vielen Hunden eignen sich auch Such- oder Ballspiele hervorragend, um sie umzulenken (siehe auch: **Apportieren**, **Suchspiele**). Ist der Mensch dadurch für seinen Hund interessanter geworden, hört dieser nach einer gewissen Zeit auf, Leute anzuspringen.

Wie das **Apportieren** funktioniert, versteht mein Hund nicht

Es gibt Hunderassen, die ausgesprochen gerne apportieren, wie zum Beispiel der Labrador oder der Münsterländer, aber auch viele andere Vierbeiner haben Freude daran. Oft kann man auf der Hundewiese beobachten, mit wie viel Vergnügen Hunde ihren Besitzern Bälle oder das Lieblingsspielzeug bringen. Doch auch hier kann es zu Missverständnissen kommen. Sobald der Hundehalter einen Ball aus der Tasche holt, bekommt sein Liebling funkelnde Augen, wedelt aufgeregt mit dem Schwanz und beginnt vor Begeisterung zu hüpfen. Also wirft der Mensch den Ball besonders weit, damit sich sein Hund verausgaben kann. Sofort rast der Vierbeiner los, fängt den Ball und läuft stolz mit ihm im Maul umher. Da er ihn nicht auf direktem Weg zurückbringt, glaubt der Halter, man müsse wohl erst »Bring!« rufen. Daraufhin schaut ihn sein Hund verständnislos an und spielt dann weiter mit dem Ball. Der Zweibeiner wiederholt die Aufforderung mehrmals energisch, woran der Vierbeiner merkt, dass die Stimmung kippt. Als braver Hund lässt er das Spielzeug sofort fallen und trabt zu seinem Besitzer zurück. Aller Anfang ist schwer, denkt sich der Hundehalter, holt den Ball selbst und wirft ihn, aus Erfahrung klug geworden, nun nicht mehr so weit. Freudig rennt sein Liebling hinterher, doch wieder bringt er den Ball nicht. Der Halter findet sich damit ab, dass sein Hund nicht versteht, wie das Apportierspiel funktioniert. Das ist jedoch gar nicht der Fall, denn der Vierbeiner findet das Spiel durchaus spannend und ausbaufähig. So kann er seiner hündischen Kreativität freien Lauf lassen. Als gelehriger Hund hat er schnell begriffen, dass er den Ball einfach fallen lassen muss, damit sein Mensch ihn holen und wieder werfen kann. Das zeigt: Apportieren will gelernt sein!

Um seinem Hund dies richtig beizubringen, sind einzelne Lernschritte notwendig. Ein gefüllter Futterbeutel ist dabei ein gutes Hilfsmittel, aus dem der angeleinte Hund selbstständig fressen darf. Dadurch lernt er, dass es sich lohnt, sich damit zu beschäftigen. Interessant bleibt der Dummy besonders dann, wenn der Besitzer ihn am Boden hin und her zieht. Nimmt der Vierbeiner ihn ins Maul, sollte in einem freundlichen Ton das Kommando »Aus!« erfolgen. Gibt der Hund den Futterbeutel ab, lässt man ihn erneut daraus fressen. Hat er begriffen, dass er nur zum Ziel kommt, wenn er ihn seinem Menschen gibt, wirft man den Dummy nur ein kurzes Stück weit weg. Hierbei sollte der Vierbeiner an der Schleppleine sein, damit er sich mit dem Futterbeutel nicht entfernen kann. Sobald er diesen aufgenommen hat, gibt der Besitzer das

Kommando: »Bring!« Weigert sich der Hund, kann der Mensch die Leine wie ein Fischernetz einholen, oder er entfernt sich in die entgegengesetzte Richtung. Dabei hält er die Leine fest. Läuft der Vierbeiner auf seinen Besitzer zu, kann dieser in die Hocke gehen, um ihn anzuspornen, den Dummy zu bringen. Ist der Hund mit dem Futterbeutel angekommen, wird dieser sofort geöffnet, und er darf sich etwas als Belohnung daraus nehmen. Diesen Ablauf übt man so lange, bis die Leine überflüssig geworden ist. Wichtig ist, dass die Wurfdistanz nur allmählich vergrößert wird. Der Beute nachzujagen, ist eine Leichtigkeit für jeden Vierbeiner; sie seinem Besitzer zu bringen und herzugeben, ist die Herausforderung.

Mit Geduld und konsequenter Übung wird der Hund viel Spaß beim Apportieren haben.

Artgerecht können Hunde nur untereinander leben

Viele Hundebesitzer wollen ihrem Vierbeiner auf jedem Spaziergang möglichst viele Hundekontakte bieten. Er soll ausgelassen mit seinen vierbeinigen Kumpels toben und die Hundeseele so richtig baumeln lassen. Denn nur im Umgang mit Artgenossen kann sich ihr Liebling seiner Art entsprechend ausleben. Irrtümlich sind diese Hundehalter der Meinung, dass das, was der Hund unter seinesgleichen erlebt und fühlt, nicht zwischen Mensch und Hund stattfinden kann. Doch das muss nicht unbedingt der Fall sein. Wie sagte einst Franz von Assisi:

»Dass mir mein Hund das Liebste sei,
sagst du, oh Mensch, sei Sünde,
mein Hund ist mir im Sturme treu,
der Mensch nicht mal im Winde.«

Für viele Menschen ist der Hund bester Freund und treuer Begleiter. Oft sieht man, wie innig der Vierbeiner mit Kindern spielt, wie er als Blinden- und Therapiehund arbeitet oder auch im Rettungseinsatz Menschenleben rettet. Das verdeutlicht, dass für keinen Hund der Kontakt zu Artgenossen ein Muss ist. Bedauert ein Hundefreund einzelne Vierbeiner, die nie Artgenossen zum Spielen treffen, braucht der Hundebesitzer kein schlechtes Gewissen zu haben. Ebenso wenig muss er vierbeinige Spielgefährten für seinen Liebling suchen. Es gibt durchaus einige Vierbeiner, die sich freuen, wenn sie auf Artgenossen treffen. Andere gehen relativ gleichgültig mit ihnen um oder ignorieren sie sogar. Hat der Hund kein Interesse an ihnen, muss sein Mensch nicht gleich verunsichert den Rat eines Hundepsychologen einholen. Dies ist keine Verhaltensauffälligkeit, sondern kann auch einfach ein Zeichen dafür sein, dass Mensch und Hund eine hervorragende Beziehung zueinander haben. Dennoch sollte jeder Vierbeiner gut sozialisiert sein, sodass er sich mit anderen Hunden versteht. So werden problematische Hundebegegnungen vermieden (siehe auch: **Begegnungen**).

Da Mensch und Hund zusammenleben, hat das Miteinander zwischen ihnen höchste Priorität. Das bedeutet, dass der Mensch im Team mit seinem Vierbeiner viel Freude hat, ihn seiner Art entsprechend zu beschäftigen. Ein Hütehund, wie der Border Collie, wird gut beim Longieren oder durch die Reizangel ausgelastet (siehe auch: **Reizangel**, **Hütehunde**). Jagdhunde fördert man geistig mit Apportier- und Suchspielen (siehe auch: **Apportieren**, **Suchspiele**). Ideal für Nasenhunde, die gern eine Fährte erschnüffeln, ist die Sportart Mantrailing. Dem Jack Russell und gleichwertigen Energiebündeln macht das Erlernen verschiedenster Kunststücke Spaß oder das Spiel mit dem Dog-Frisbee. Je abwechslungsreicher und intensiver Hunde beim Spazierengehen gefordert werden, umso ausgeglichener sind sie zu Hause. So ist nicht nur der Besitzer zufrieden, sondern auch der Vierbeiner, der ein artgerechtes Leben führen kann.

In die **Augen schauen** ist immer eine Bedrohung für den Hund

Hartnäckig hält sich das Vorurteil, man dürfe einem Hund nicht in die Augen schauen. Das wäre für ihn eine Bedrohung und würde ihn aggressiv machen. Wäre dies der Fall, gäbe es nur aggressive Hunde, da Hundebesitzer ihren Vierbeiner anschauen, wenn sie Kontakt mit ihm haben wollen. Menschen handeln menschlich, dazu gehört es, demjenigen in die Augen zu sehen, mit dem kommuniziert wird.

Geht der Halter mit seinem Hund durch den Park, schaut verträumt in den Himmel und gibt dem Vierbeiner gleichzeitig das Kommando, bei ihm zu bleiben, wird das nur in den wenigsten Fällen funktionieren. Der Hund wird sich nicht angesprochen fühlen, weshalb er auch nicht reagiert. Zudem ist es nicht sinnvoll, seinen Liebling zu rufen, während man in eine andere Richtung blickt.

Selbstverständlich müssen Hunde angeschaut werden, wenn sie gemeint sind. Es ist sogar für die Beziehung zu dem Vierbeiner unbedingt erforderlich, dass Mensch und Hund Blickkontakt haben.

Etwas ganz anderes ist es, Hunde anzustarren, sie zu fixieren und ihnen damit direkt in die Pupillen zu schauen. Dies empfindet jedes Tier als Bedrohung und fühlt sich dadurch provoziert. Das eine wird sich daraufhin eher zurückziehen, beim anderen können Aggressionen entstehen oder sogar ein Angriff erfolgen.

Im Alltag ist es sogar hilfreich, wenn der Hund lernt, seinen Besitzer anzublicken. So kann ihm beigebracht werden, auf das Kommando »Schau!« seinen Menschen anzusehen. Hält der Vierbeiner so lange Blickkontakt, bis der Halter dieses Kommando wieder auflöst, entspannt es manch eine schwierige Situation. So kann er umgelenkt werden, wenn ein ungeliebter Artgenosse in der Nähe ist, oder die Katze auf der Mauer bleibt dadurch unentdeckt. Auch fühlen sich ängstliche Passanten sicherer, wenn sie sehen, dass der Hund sich nicht für sie interessiert, sondern nur Augen für seinen Menschen hat.

Ein positiv aufgebauter Blickkontakt verstärkt demnach das Miteinander – im Gegensatz zum Anstarren, das für den Vierbeiner immer eine Bedrohung darstellt.

Das **Aufreiten** ist immer hormonell gesteuert

Nachdem sich der Welpe zu Hause eingelebt hat, beschließt sein Mensch, einen Welpenkurs mit dem Kleinen zu besuchen (siehe auch: **Welpenkurs**). Nachdem der Hund dort die Übungseinheiten super mitgemacht hat, dürfen alle Welpen als Belohnung am Ende der Stunde herumtoben. Voller Freude beobachtet jeder Hundebesitzer seinen Welpen und ist froh, dass er mit den anderen so ausgelassen spielt. Doch auf einmal wendet sich das Blatt. Der Mensch möchte am liebsten in den Boden versinken. Sein Welpe, der eben noch so süß war, reitet bei seinen Artgenossen auf. Dabei ist er nicht wählerisch, sondern besteigt auch das eigene Geschlecht, wobei er sich noch sehr ungeschickt anstellt. Sollte sein Welpe jetzt schon Anzeichen sexueller Vorlieben zeigen? Denn geschlechtsreif kann er noch lange nicht sein. Stimmt, ist er auch nicht!

Aufreiten hat in den meisten Fällen mit Dominanz zu tun und kann zwischen Artgenossen verschiedensten Alters beobachtet werden. Der Hund testet aus, wie weit er gehen kann, und demonstriert dem anderen seine Überlegenheit. Erwachsene Tiere zeigen dadurch auch den jüngeren, dass sie das Sagen haben und im Rang deutlich über ihnen stehen. Junghunde, die versuchen Ältere, zu dominieren, werden von diesen meist zurechtgewiesen.

Hunde testen bei ihrem Menschen – ebenso wie bei ihren Artgenossen –, ob sie ihn dominieren können. Daher sollten Welpen, die immer wieder versuchen, aufzureiten, sofort daran gehindert werden. Für den erwachsenen

Hund, der einen Welpen besteigt, gilt dasselbe. Am besten ist es, den Hund wortlos herunterzunehmen.

Das Aufreiten ist natürlich auch ein sexueller Akt. Der geschlechtsreife Hund, der viel Langeweile hat, besteigt als Ersatz gern fremde Leute oder den Besuch mit einem festen Klammergriff um das Bein oder den Arm. Außerdem weiß er, dass er dadurch Aufmerksamkeit bekommt und man sich um ihn kümmert. Lieber nimmt der Vierbeiner ein Wegschubsen oder eine Zurechtweisung in Kauf, als gar nicht beachtet zu werden.

Manche Hundebesitzer fürchten sich geradezu, mit ihrem erwachsenen Hund Gassi zu gehen, weil jede Begegnung mit Artgenossen in einer Katastrophe endet. Ihr Vierbeiner zeigt Imponiergehabe und besteigt alle anderen. Für ihn ist es die einzige Möglichkeit, seiner Unterforderung zu entkommen. Sein Mensch ist von diesem Verhalten vor allem gestresst. Was kann er dagegen tun? Er sollte seinen Vierbeiner während des Spaziergangs sinnvoll beschäftigen, damit dieser geistig und körperlich ausgepowert wird und deshalb kein Bedürfnis mehr hat, aufzureiten (siehe auch: **Artgerecht**). Auch sollten Rüden, die zu viele Hormone produzieren und permanent versuchen, Hunde und Menschen zu besteigen, keine Möglichkeit mehr für diese Unart bekommen. In manchen Fällen ist es sinnvoll, mit dem Tierarzt über eine mögliche Abhilfe zu sprechen. Das kann erst einmal ein Kastrationschip oder eine Spritze sein, um herauszufinden, ob das Verhalten wirklich rein hormonelle Gründe hat. Ist dies der Fall, ist eine Kastration empfehlenswert.

Autofahren ist die Leidenschaft eines jeden Hundes

Hundebesitzer sind oft davon überzeugt, dass Vierbeiner das Autofahren lieben. Schließlich haben sie selbst viel Freude daran. Warum sollte das bei ihrem Liebling anders sein? Zumal sich dieser entspannt hinlegen, zum Fenster hinausschauen und die Nähe seines Menschen genießen kann. Oft sieht man Vierbeiner relaxed auf dem Beifahrersitz, die das Autofahren offensichtlich mögen. Doch es ist nicht die Leidenschaft eines jeden Hundes. Einige unter ihnen haben bereits Angst davor, in ein Auto zu springen, oder es wird ihnen während der Fahrt übel, ähnlich wie bei Kindern, denen oft schon nach wenigen Kilometern, zum Beispiel auf der Fahrt in den Urlaub, flau im Magen wird. Auch manche Vierbeiner vertragen vor allem eine kurvenreiche Strecke und das häufige Abbremsen nicht. Schnell fangen sie an zu hecheln, speicheln und zittern, weil sie das Fahren enorm stresst.

Bereits auf seiner ersten Autofahrt kann ein Welpe Probleme bekommen. Ist er nicht ausreichend gesichert, wird er das Gleichgewicht nicht halten können und von einer Seite zur anderen fallen (siehe auch: **Sicherungspflicht**). Bestimmt wird ihm diese unangenehme Erfahrung in Erinnerung bleiben, sodass er einen Widerwillen gegen das Mitfahren entwickelt. Deshalb ist es ratsam, einen Welpen zu zweit abzuholen, damit sich einer während der Fahrt um ihn kümmern kann.

Manchmal kennen allerdings auch erwachsene Tiere das Autofahren nicht. Dies betrifft häufig Hunde aus dem Tierschutz. Viele Hundebesitzer wissen das nicht und fahren einfach mit dem Tier los. Dies kann dazu führen, dass der Vierbeiner gleich zu Beginn der neuen Beziehung eine Negativerfahrung macht und bei den nächsten Fahrten ungern einsteigen wird. Ist der Hund dadurch erst einmal gestresst, kann er sich zusätzlich unangenehme Dinge angewöhnen wie Jaulen, Kläffen oder Fiepen (siehe auch: **Stress**).

Hat ein Vierbeiner eine Abneigung – egal aus welchem Grund – gegen das Autofahren entwickelt, ist es notwendig, das entspannte Mitfahren zu üben. Denn wird er dazu gezwungen, wird er sich immer vehementer weigern, einzusteigen. Damit man ihm diese Furcht nimmt, sollte bereits der Gang zum Fahrzeug positiv besetzt werden. Das kann durch ein Such- oder Ballspiel zum Auto oder um das Auto herum erfolgen (siehe auch: **Apportieren, Suchspiele**). Beiläufig können auch die Türen geöffnet werden, um das Spiel im Auto fortzusetzen. Ebenfalls hilft es dem ängstlichen Hund, besonders feine Leckerlis ins Auto zu legen oder ihm seine Tagesration an Futter darin zu geben. Springt er endlich freiwillig hinein, sollte sich sein Mensch hinters Lenkrad setzen, aber noch nicht losfahren. Nach ein paar Minuten verlassen beide wieder das Fahrzeug. Das sollte eine Zeit lang wiederholt werden, bevor man eine kleine Runde fährt. Hat der Besitzer Geduld und rechnet mit einem gewissen Zeitaufwand, wird der Vierbeiner das Autofahren schließlich positiv erleben.

B

Hunde heißen **Babys** herzlich willkommen

Ein junges Ehepaar besitzt seit zwei Jahren einen Hund. In der Freizeit dreht sich alles um ihren Liebling, er steht immer im Mittelpunkt. Sobald es sich beide auf dem Sofa gemütlich machen, legt sich der Hund wie selbstverständlich dazu. Sonntags genießt er es, mit ins Bett zu dürfen und intensive Streicheleinheiten zu bekommen. Jedes Wochenende macht das Paar mit ihm einen Ausflug, damit ihr Hund sich richtig auspowern kann. Eines Tages ist es dann so weit, die Frau ist schwanger, und mit der Geburt ihres Babys ist das Familienglück perfekt. Sie gehen davon aus, dass ihr Vierbeiner den neuen Erdenbürger ebenfalls freudig willkommen heißen wird.

Doch dies ist ein Wunschbild! Nicht jeder Hund teilt mit seinem Menschen die Freude über die Ankunft eines Babys. Im Gegenteil: Statt seiner steht jetzt der Säugling im Mittelpunkt und macht ihm seinen Platz streitig. Außerdem werden neue Regeln aufgestellt, die ihm nicht passen. Plötzlich darf er nicht mehr in den Raum, der zum Kinderzimmer umgestaltet wurde. Mit dem neuen, plüschigen und rasselnden Spielzeug, das ihn sehr neugierig macht, darf er auch nicht spielen. Sein Frauchen hat viel weniger Zeit für ihn, und nur noch sein Herrchen geht mit ihm spazieren, wobei der ihm bei Weitem nicht mehr den gewohnten Auslauf bietet. Das alles ist für ihn unbegreiflich. Nun muss er sich sogar von der Couch fernhalten, und das Bett ist auch tabu. Früher hatten sich seine Menschen nach ihm gerichtet, und er durfte wie ein Prinz leben. Nun bricht wegen des seltsam riechenden kleinen Wesens seine bisherige heile Hundewelt wie ein Kartenhaus zusammen. Nach einer Weile wird dem Hund klar, dass das wohl jetzt ein Dauerzustand ist. Er versucht daher, seinen Frust über die neue Situation seinen Menschen mitzuteilen. Erst einmal versucht er, mehr Aufmerksamkeit zu bekommen. Das kann ein penetrantes Anstupsen zum Spielen sein oder häufigeres Bellen. Ebenso will er alle zwei Stunden Gassi gehen, was er durch ständiges Winseln und Kratzen kundtut. Er fängt sogar an, sich zwischen Baby und Eltern zu drängen, um vermehrt Körperkontakt einzufordern. Die Besitzer sind über seine Wesensänderung entsetzt und können sein Verhalten nicht nachvollziehen. Warum heißt er den neuen Erdenbürger nicht herzlich willkommen? Schließlich ist sein Frauchen jetzt immer zu Hause. Doch aus Hundesicht hat das Baby seine Position übernommen, was der Vierbeiner nicht duldet, denn er war schließlich zuerst da. Sollte ein Hund gegenüber einem Baby unfreundlich reagieren, es sogar anknurren, muss der Halter sofort einschreiten. Er muss verhindern, dass der Hund das Neugeborene maßregelt, weil das gefährlich werden kann.

Natürlich kommt es auch vor, dass ein Baby von einem Hund problemlos angenommen wird. Dazu gehört allerdings, dass der vierbeinige Liebling von Anfang an konsequent erzogen wurde und der Besitzer die Führungsrolle übernommen hat.

Generell ist es sinnvoll, einen Vierbeiner auf den Nachwuchs vorzubereiten. Es ist empfehlenswert, vor der Geburt schon Spaziergänge mit dem leeren Kinderwagen zu machen, um den Hund daran zu gewöhnen, normal nebenherzulaufen. Mit einem Baby ist zunächst zwar kein geregelter Alltag möglich, doch natürlich muss dafür gesorgt werden, dass der Vierbeiner nicht zu kurz kommt. Er braucht seine regelmäßigen Gassigehrunden und sollte auch zu Hause geistig ausgelastet werden. Dann steht einem harmonischen Leben mit Kind und Hund nichts mehr im Weg.

Begegnungen sollen Hunde immer untereinander klären

Zwei selbstbewusste Hunde begegnen sich im Park und stehen grollend voreinander. Da in diesem Fall beide Imponiergehabe zeigen, präsentieren sie sich gleich stark, weshalb wahrscheinlich keiner nachgeben wird. Ihre Menschen bemerken die aufgekommene Spannung zwischen den Vierbeinern, die sich mittlerweile im Kreis drehen und anfangen, sich gegenseitig zu provozieren. Die Besitzer sind der Meinung, dass ihre Hunde das Zusammentreffen untereinander selbst klären sollen. Wenn beide ausgemacht haben, wer der Ranghöhere ist, können sie wieder gelassen miteinander umgehen. Doch da irren sich die Menschen. Hunde sollten keineswegs Begegnungen untereinander klären, da es dabei nicht selten zu einer Rauferei kommt, die in einer Beißerei enden kann. Darum ist es wichtig, dass der Mensch eingreift, bevor die Tiere aneinandergeraten. Vor allem ist dies unerlässlich, wenn etwa ein alter, gebrechlicher und ein junger, lebhafter Hund aufeinandertreffen oder zwei Weibchen. Denn unter Hunden gibt selten der Klügere nach.

Gerade in der heutigen Zeit haben immer mehr Hunde das Problem, mit ihresgleichen freundlich umzugehen (siehe auch: **Verhaltensstörungen**).

Sollten Hunde länger als für ein kurzes Beschnuppern wie erstarrt beieinanderstehen, kann sich die Situation schlagartig verschärfen. Sicher kann man bei einem souveränen und sozialisierten Hund davon ausgehen, dass er die Lage ohne Kampf klären kann. Doch viele Hundebesitzer können das Verhalten ihres Hundes oder das des anderen nicht richtig einschätzen.

Geraten Menschen aneinander und sind vollkommen unterschiedlicher Meinung, brauchen sie meistens eine neutrale Person, um sich wieder anzunähern. Ein Mediator oder ein Richter kann in solchen Fällen schlichten. Dasselbe gilt unter Hunden. Am besten ist es, den Sichtkontakt zum Artgenossen zu unterbinden, indem man sich mit etwas Abstand mit Blickrichtung zum eigenen Vierbeiner wortlos dazwischenstellt. Besitzt der Mensch einen Hund, der gern andere provoziert, muss er diesen rechtzeitig anleinen. Generell sollen Hundehalter bei der Begegnung mit fremden Artgenossen zügig weitergehen. So bekommen die Vierbeiner gar nicht erst die Gelegenheit, Situationen unter sich klären zu müssen.

Die **Beißhemmung** hat jeder Hund von Geburt an

Es geht einem das Herz auf, wenn man einen Wurf Welpen beobachtet und sieht, wie stürmisch die Kleinen miteinander umgehen. Dem einen wird ins Ohr gezwickt, ein anderer kaut auf der Pfote seines Bruders herum, und der dritte tollt über alle hinweg. Durch diese wilden Spiele entwickelt der Welpe die Beißhemmung, sie ist ihm nicht angeboren! Die Reaktionen seiner Geschwister zeigen ihm, wie schmerzhaft das Zwicken mit den spitzen Milchzähnen in die Nase oder in die Ohren sein kann. Dieser Lerneffekt veranlasst ihn, in Zukunft vorsichtiger mit seinen Artgenossen umzugehen.

Auch in der Beziehung mit seinem Menschen sollte der Hund lernen, wie weit er gehen darf und wie das Spiel zwischen ihm und seinem Besitzer auszusehen hat.

Hat sich der Mensch zum Beispiel gerade gemütlich zu einem Schläfchen auf die Couch gelegt, will ihn der Welpe davon überzeugen, dass jetzt die richtige Zeit für ein Spielchen ist. Um seine bequeme Lage nicht aufgeben zu müssen, bewegt der Mensch seine Finger, und der Welpe wird begeistert auf ihnen herumkauen. Denn er kann nur mit seinem Maul Dinge greifen und nicht die Pfoten benutzen wie der Mensch seine Hände. Lässt der Mensch dies zu, lernt der Welpe mit der Zeit, dass das Knabbern und Zwicken in Ordnung ist. Viele Hundebesitzer sind davon überzeugt, dass sich das leichte Beißen im Alter automatisch legt oder nach dem Zahnwechsel aufhört. Doch das ist nicht gesagt. Der Mensch muss im Gegenteil seinem Hund von Anfang an beibringen, dass Knabbern und Zwicken ein absolutes Tabu sind. Im Spiel mit dem Hund sollte ein Spielzeug, wie ein Tau, ein Ball oder Ähnliches anstelle der Hand benutzt werden. Sobald der Welpe dann grob wird, muss ihn sein Mensch als Maßregelung mit der Hand energisch wegschubsen, ohne ihm dabei wehzutun. Reagiert der kleine Kerl darauf nicht, muss das Spiel sofort abgebrochen werden, indem der Zweibeiner das Spielzeug fallen lässt und sich wortlos abwendet. Damit ein Lerneffekt entsteht, wird sofort weitergespielt, sobald sich der Welpe beruhigt hat. Aus diesem Lernprozess heraus entsteht dann die Beißhemmung.

Hunde können **beleidigt sein**

Im Brustton der Überzeugung hört man Hundebesitzer sagen: »Mein Hund war wieder einmal beleidigt!« Dazu haben sie auch gleich eine passende Geschichte parat. Doch sind Hunde wirklich in gleichem Maß beleidigt, wie es Menschen sein können? Nein, sind sie nicht. Das folgende Beispiel verdeutlicht es: Seit sein Mensch einen Job hat, bei dem er auf Dienstreisen gehen muss, bleibt der Vierbeiner für diese Zeit bei einem guten Freund, der den Hund seit Langem kennt. Bereits wenn sein Besitzer hektischer als sonst durch die Wohnung läuft, den Koffer aus dem Keller holt und auch noch die Hundesachen einpackt, weiß das Tier, was als Nächstes passiert. Ohne große Gefühlsausbrüche geht er ganz unaufgeregt mit seinem Menschen und dem gesamten Gepäck ins Auto. Beim Freund angekommen, verabschiedet sich der Halter wortreich und mit vielen Liebkosungen von seinem Liebling. Der Besitzer ist jedes Mal völlig fertig, sich von ihm länger trennen zu müssen. Dabei ist er sich sicher, dass es seinem Hund ebenso ergeht. Auch ruft er jeden Tag an, um sich nach dem Befinden seines Hundes zu erkundigen, denn er fehlt ihm sehr. Der Freund versichert ihm, dass alles in Ordnung sei, nur am ersten Tag habe sein Vierbeiner wie immer an der Tür geschlafen. Jetzt genieße er es, bei ihm zu sein, denn er komme gern zum Schmusen, fresse gut und sei total entspannt. Es klingt alles so, als ob ihn sein Vierbeiner nicht vermissen würde. So ganz kann das der Halter nicht glauben. Als er seinen Liebling voller Freude abholt, wedelt dieser nur kurz mit dem Schwanz, wendet sich ab und läuft zum Auto. »Oh«, denkt sein Mensch, »ich habe recht gehabt, jetzt ist er beleidigt, weil ich ihn schon wieder abgegeben habe. Er hat mich gewiss schmerzlich vermisst, und deshalb hat er mich kaum beachtet.« Doch der Hund ist nicht beleidigt. Im Gegenteil: Dieser Vierbeiner verhält sich so, weil er die Situation kennt und es als selbstverständlich empfunden hat, für ein paar Tage nicht bei seinem Besitzer zu sein.

Hunde leben im Hier und Jetzt. Sie können sich bereits nach einer kurzen Eingewöhnungszeit auch woanders wohlfühlen. Und warum auch nicht! Wird mit ihnen geschmust, gespielt und haben sie weiterhin in der neuen Umgebung interessante Gassigehrunden, ist dies für sie völlig in Ordnung. Menschen, die solche Hunde haben, sollten dankbar dafür sein, dass sie von ihren Lieblingen so ruhig empfangen werden und diese es nicht für das achte Weltwunder halten, dass ihre Besitzer zurückgekommen sind. Es ist ihnen möglich, neue Situationen schnell zu akzeptieren, sich fremden Umgebungen anzupassen, und sie haben dennoch eine enge Beziehung zu ihrem Halter.

Doch viele Besitzer interpretieren das unaufgeregte, neutrale Verhalten ihres Vierbeiners als das typisch menschliche »Beleidigtsein«. Denn wäre der Mensch einem Freund gegenüber wegen etwas beleidigt, würde er ihn das spüren lassen. Er würde kein Wort mit ihm sprechen und sich eine Weile von ihm zurückziehen. Zeigt der Hund ein ähnliches Verhalten, deutet dies jedoch auf einen in sich ruhenden Vierbeiner hin. Für ihn ist es selbstverständlich, wieder in seinen hündischen Alltag zurückzukehren. Auch Hunde, die gern mit Artgenossen zusammen sind und sich in einer Hundepension wohlfühlen, sind keinesfalls eingeschnappt, weil ihr Besitzer ohne sie in den Urlaub fährt (siehe auch: **Hundepensionen**). Diese Tiere verleben eine schöne Zeit und kehren entspannt zu ihren Menschen zurück, ohne »beleidigt« zu sein.

Bellende Hunde beißen nicht

Auf keinen Fall sollte man diesem Spruch Glauben schenken. Ein Hund, der bellt, beißt zwar nicht im selben Moment, aber sehr wohl anschließend. Gern wird übersehen, dass ein Vierbeiner sogar sehr schnell vom Bellen zum Beißen übergehen kann. Aggressives Bellen oder Knurren sind Vorwarnungen und bedeuten: »Lass mich in Ruhe, hau ab!« Oder auch: »Die Couch und das Fressen sind meins, du verschwindest besser.«

Zur Veranschaulichung ein Beispiel: Es kommt Besuch ins Haus. Der Hund ist darüber nicht sehr erfreut und bellt diesen die ganze Zeit an, während er immer wieder auf die für ihn Fremden zuläuft und gleich darauf zurückweicht. Die unkundigen Besucher ignorieren daher das Bellen, machen sogar ein paar Schritte auf den Hund zu und locken ihn mit ausgestreckten Armen zu sich. Sie wollen ihm vermitteln, dass sie ihn mögen und er ruhig herkommen kann. Dazu gehen sie in die Hocke, und jedes Mal, wenn der Hund in greifbarer Nähe ist, versuchen sie ihn zu streicheln. Das Bellen des Hundes wird immer lauter und hektischer. Machen die Zweibeiner so weiter, kann es gut möglich sein, dass der Vierbeiner irgendwann zubeißt.

Warum kann das Bellen irgendwann zum Beißen umschlagen?

Dazu sollte man sich Folgendes vorstellen: Zwei Menschen stehen auf einem Sprungbrett. Der Vordere hat Angst und würde am liebsten wieder umkehren. Doch der Hintere lässt ihn nicht an sich vorbei. Die Situation spitzt sich zu, der Vordere beginnt sich zu wehren. Er schubst den Hintermann weg, weil er sich massiv bedrängt fühlt und sich verteidigt.

Nichts anderes tut der Hund. Aggressives Bellen kann der Beginn einer Attacke sein. Wird die Situation für das Tier nicht entschärft, könnte es noch als letzte Vorwarnung die Zähne fletschen, aber höchstwahrscheinlich wird es schließlich zubeißen.

Begegnet einem ein aggressiv bellender Hund, hilft es, sich zu voller Größe aufzurichten und die Schultern zu straffen. Man dreht den Kopf zur Seite und geht in einem großen Bogen mit normalen Schritten an dem Tier vorbei. Denn würde man direkt auf einen ängstlich oder aggressiv bellenden Hund zugehen, ihm dabei fixierend in die Augen schauen, kann sich der Hund schon bedroht fühlen und angreifen. Auch sollte man den Hund nicht ansprechen nach dem Motto: »Ich tue dir doch nichts, geh mal ruhig weiter.« Jede Ansprache kann die Bedrohung für den Hund verstärken. Auch Wegrennen ist keine Lösung; der Hund ist auf alle Fälle schneller, und man wird dadurch leicht zur Beute.

Außerdem sollte man darauf achten, dass der Hund immer eine Fluchtmöglichkeit hat.

Beschwichtigungssignale gibt es nur unter Hunden

Beschwichtigungssignale, auch Calming Signals genannt, sind vielen Hundehaltern ein Begriff. Oft sind sie der Meinung, dass diese Signale nur unter Hunden von Bedeutung sind und zwischen Mensch und Tier keine Rolle spielen. Dies ist jedoch ein großer Irrtum. Genauso wie Hunde gegenüber dem Menschen Angst, Freude oder Aggressionen zeigen, gehören Beschwichtigungssignale zur komplexen Hundesprache dazu.

Hierzu ein Beispiel: Ein Hundebesitzer, der gern seine Kleidung überall verstreut, will seinem Vierbeiner beibringen, die Sachen in den Wäschekorb im Badezimmer zu legen. Damit würde er seiner Frau eine Freude machen, die sich immer wieder über seine schlechte Angewohnheit ärgert. Begeistert von der Idee, fängt er an, Kleidungsstücke im Zimmer zu verteilen. Im ersten Schritt fordert er seinen Hund auf, die Sachen zu apportieren, denn das kann dieser bereits (siehe auch: **Apportieren**). Im zweiten Schritt stellt das Herrchen sich neben den Korb und zeigt darauf, damit der Vierbeiner ein T-Shirt dort hineinlegt. Nach ein paar Minuten fängt der Hund auf einmal an, sich hinzusetzen und sich zu kratzen. Der Mensch denkt nicht weiter darüber nach, denn er ist sich sicher, dass kein Floh die Ursache dafür sein kann. Hochmotiviert übt er weiter. Doch anstatt sich zu konzentrieren, schnüffelt der Vierbeiner überall herum. Hätte der Hundebesitzer vielleicht einen anderen Trick versuchen sollen, damit sein Liebling mehr Spaß dabei hat?

Nein, denn die Situation ist folgende: Sein Hund hat Beschwichtigungssignale gezeigt, mit denen er zu verstehen gibt, dass er sich unwohl fühlt, gestresst ist und nicht das leisten kann, was von ihm verlangt wird. Vielleicht hat er auch nicht verstanden, was sein Mensch von ihm will. Mithilfe dieser Gestik versucht der Hund zum einen den inneren Stress abzubauen und zum anderen seinen verstimmten Menschen zu besänftigen.

Weitere Beschwichtigungssignale sind zum Beispiel das Abwenden des Kopfes oder des ganzen Körpers, mit der Zunge über den Fang lecken, Zusammenkneifen der Augen, Tiefstellung des Vorderkörpers oder Lächeln.

Ein oft von Hundebesitzern übersehenes Beschwichtigungssignal ist das Schnüffeln. Wurde der Hund mit einem zu strengen Ton zurückgerufen, ist es ein normales Verhalten, den Kopf zu senken und den Boden intensiv zu beschnuppern (siehe auch: **Kommandos**). Halter glauben, dass ihr Liebling sie absichtlich ignoriert, und werden zornig. Dabei signalisiert der Vierbeiner seinem Menschen, dass er dessen Anspannung spürt, und versucht beschwichtigend darauf einzugehen (siehe auch: **Gefühle**).

Für eine entspannte Beziehung zu seinem Hund sollte auf diese Feinheiten geachtet werden. So fällt es dem Halter leichter, seinen Vierbeiner zu verstehen.

Beziehungen zwischen Mensch und Hund entstehen automatisch

Kein Mensch würde wohl auf die Idee kommen, von einer Beziehung zu einem anderen Menschen zu sprechen, wenn dieser ihn den ganzen Tag ignorieren würde.

Ähnlich ist es bei der Mensch-Hund-Beziehung. Oft hört man von Hundebesitzern den Satz: »Zu Hause ist er ganz anders, da hört er viel besser. Nur draußen macht er, was er will!«

Fragt man nach, so berichtet der Mensch, dass sein Hund in der Wohnung brav ist, auf seinem Platz liegt, ab und zu nachschaut, was das Herrchen so macht, aber ansonsten geduldig wartet. Er ist sein absoluter Traumhund und die Beziehung wirklich wunderbar. Das stimmt allerdings nur teilweise. Der Hund hat in der Wohnung gar keine andere Möglichkeit, als immer wieder den Versuch zu unternehmen, die Aufmerksamkeit seines Besitzers zu erhaschen. Also läuft er ihm öfter hinterher oder legt sich in seine

Nähe. Selbst beim Telefonieren, Fernsehen oder wenn sein Mensch am Computer sitzt, stupst sein Hund ihn an oder legt ihm sein Lieblingsspielzeug vor die Füße. Der Besitzer spielt eher lustlos mit dem Tier, bis dieses genug hat. Der Halter kann sich sogar darauf verlassen, dass ihm sein Liebling sagt, wann Fressenszeit ist. Für den Menschen ist das ein Zeichen, dass sie eine perfekte Beziehung zueinander haben und daran nicht weiter gearbeitet werden muss.

Dass dies nicht so einfach ist, sieht man vor allem unterwegs. Viele neue Reize wie Gerüche, Artgenossen, Stöcke oder Wasser wecken sofort die Neugierde des Hundes. Interessiert läuft er hin und her und auch davon. Sein Mensch spielt für ihn keine Rolle mehr, sodass dieser nur auf ihn warten kann. Er könnte ihn ja an die Leine nehmen, doch das ist noch mühsamer. Sein Vierbeiner zieht überall hin, und wenn sein Mensch ihn ermahnt, brav nebenherzulaufen, will sein Hund nichts davon wissen. Es hat sogar den Anschein, als sei er plötzlich taub geworden, weil er nicht auf seinen Halter reagiert. Hier fehlt die verlässliche Bindung des Halters zu seinem Hund.

Der Besitzer muss für den Hund spannender sein als die jeweiligen Reize, die draußen auf ihn einwirken. Nur durch eine enge, liebevolle und gefestigte Beziehung entsteht eine wirkliche Bindung. Folgt der Hund gern, ist er ausgeglichener, und somit steht einem harmonischen, glücklichen Zusammenleben zwischen Mensch und Hund nichts mehr im Weg (siehe auch: **Artgerecht, Erziehung**).

C

Der **Clicker** ist in der Hundeerziehung unbrauchbar

Eine Jack-Russell-Besitzerin stößt in einem gut sortierten Zoofachhandel auf merkwürdige kleine Plastikgehäuse, in deren Mitte sich ein Metallplättchen befindet. Das Ganze erinnert an die Knackfrösche aus der Kindheit. Auf ihre verwunderte Nachfrage hin, ob das wirklich Hundespielzeug sei, erklärt die Verkäuferin lachend, das sei ein Clicker. Er unterstützt die gewaltfreie Erziehung, und Hunde lernen damit schneller, Kommandos umzusetzen. Die Jack-Russell-Besitzerin probiert ihn aus, aber ihr Hund interessiert sich keineswegs für das Knacken. Ihre Schlussfolgerung: »Hätte ich mir denken können, dass es bei meinem Liebling nicht funktioniert! Außerdem hat er sich bis jetzt auch gut mit Futter positiv erziehen lassen. So ein Clicker ist für die Erziehung einfach unbrauchbar.« Doch das stimmt nicht!

Der »Knackfrosch« ist in der heutigen Hundeerziehung zu einem wichtigen Hilfsmittel geworden. Selbst Pferde, Katzen, Hausschweine und sogar Elefanten können erfolgreich mit dem Clicker trainiert werden. Das Clickern ist unter anderem deshalb von Vorteil, weil Knackgeräusche im normalen Umfeld der Tiere nicht vorkommen. Deshalb fällt es ihnen leichter, sie zu beachten und richtig zu verknüpfen.

In dem Film *Fünf Freunde* leistet »Coffey«, ein Australien

Shepherd, als Filmhund »Timmy« Erstaunliches. Er beherrscht an die hundert Kommandos, unter anderem kann er leere Flaschen in einen Kasten sortieren. Dies wurde ihm durch ein Clickertraining beigebracht, denn ein Clicker bestätigt den Hund punktgenau, und somit kann die Verknüpfungszeit von ein bis zwei Sekunden eingehalten werden. Das führt zu einem schnellen und sicheren Lernerfolg.

Ein Schriftsteller sitzt an seinem Schreibtisch und arbeitet an seinem neuen Buch. Er ist sehr altmodisch und schreibt mit der Hand. Im Laufe des Tages landen viele Papierknäuel mit verworfenen Ideen auf dem Fußboden. Da er einen gelehrigen Border Collie besitzt, könnte der ihm doch das Papier in den Papierkorb tragen. Somit hat der Besitzer mehr Zeit zum Schreiben, und sein Liebling ist beschäftigt. Für das Training hat er sich einen Clicker besorgt, doch zuerst muss er das Tier mittels Futterbelohnung darauf konditionieren. Dadurch lernt der Vierbeiner, die Bedeutung des Clickerns zu verstehen. Um sie ihm beizubringen, wird zwanzig bis dreißig Mal geclickt, wobei er nach jedem Knackgeräusch sofort ein Leckerli bekommt.

Nach erfolgreicher Konditionierung kann sich der Schriftsteller nun dem Kunststück widmen. Zunächst macht er den Papierkorb für seinen Hund interessant, indem er darauf zeigt oder ihn bewegt. Sobald der Vierbeiner ihn berührt, wird geclickt, anschließend gibt es eine Futterbelohnung. Nach einiger Zeit hat sein Hund gelernt, auf das Kommando »Korb!« dort hinzulaufen. Den nächsten Schritt bringt er ihm auf die gleiche Weise bei. Sobald der Hund das zerknüllte Papier im Maul hat, sagt sein Besitzer »Papier!« und clickt. Nun setzt der Schriftsteller beide Kommandos hintereinander. Zuerst sagt er »Papier!« , deutet dann auf den Papierkorb, und gibt das Kommando »Korb!«. Jedes Mal, wenn der Hund die richtige Verhaltensfolge zeigt, wird geclickt. Anschließend bekommt der

Hund ein Leckerli. Nach mehrmaligem Üben führt der Hund seine neu erlernte Aufgabe immer zuverlässiger aus, und sein Besitzer kann ihn schon jetzt von seinem Schreibtischstuhl aus für sein richtiges Handeln durch den Clicklaut bestätigen. Selbst wenn sein Mensch das Clicken einmal vergisst, führt sein gelehriger Assistent das neu Erlernte freudig aus.

Aber nicht nur für derartige Tricks ist dieses Hilfsmittel gut einsetzbar, sondern es erleichtert auch die Erziehung.

Ein Hundebesitzer übt zum Beispiel mit seinem Hund »Bleib!«. Auf das Kommando hin setzt sich der Vierbeiner, aber sobald sein Mensch von ihm weggeht, läuft das Tier ihm nach. Deshalb schickt der Halter ihn konsequent immer wieder an den Ausgangspunkt zurück. Als der Hund endlich sitzen bleibt, muss der Besitzer erst die Leckerlitüte öffnen und zu ihm gehen, um ihn zu bestätigen. Der Clicker würde das Loben erleichtern. Er hätte ihn griffbereit, könnte ihn aus der Distanz zeitnah für das Sitzenbleiben loben und ihm danach ein Leckerli geben.

Hundehalter sollten allerdings wissen, dass der Clicker kein Mittel ist, um die Aufmerksamkeit des Hundes zu bekommen. Das wird oft missverstanden. Zur Veranschaulichung: Ein Hundebesitzer möchte, dass sein Vierbeiner exakt »Bei Fuß!« geht. Dieser läuft jedoch immer drei Schritte voraus. Um seine Aufmerksamkeit zu bekommen, clickt der Mensch und wiederholt dann den Befehl »Bei Fuß!«. Sein Hund hat damit aber lediglich gelernt, dass es in Ordnung ist, auf das Kommando hin weiter vorauszulaufen. Denn das Clickern bestätigt das Verhalten, das in dem Moment des Knackens gezeigt wird.

D

Hunde können keine **Depressionen** haben

Ein Hundesitter freut sich besonders auf den lebhaften Rehpinscher, der zu ihm kommt, wenn seine Besitzer in den Urlaub fahren. Er hat ihm ein neues Spielzeug gekauft, denn er weiß, wie verspielt der Vierbeiner ist. Doch bereits am Tag des Einzugs stellt er verwundert fest, wie lustlos der Kleine auf das Gassigehen reagiert und dass er das Spielzeug keines Blickes mehr würdigt.

Ein anderer Hund lebt in einer Familie, in der anfangs viel mit ihm gespielt und herumgetollt wurde. Doch als die Kinder älter werden und die Familie nicht mehr so viel Zeit zu Hause verbringt, bleibt der Hund immer mehr sich selbst überlassen. Mittlerweile liegt er ruhig und in sich gekehrt auf seinem Platz.

Beide Vierbeiner zeigen wenig Emotionen und sind in ihrer Aktivität gehemmt; das können erste Anzeichen einer Depression sein. Denn auch Hunde können depressiv werden. Bei manchen wird der Grundstein schon im Welpenalter gelegt. Wird ein Welpe zu früh von seiner Mutter getrennt und hat zusätzlich kaum Menschenkontakte und Außenreize, die sein Interesse wecken, kommt es vor, dass er bereits in diesem Alter extrem in sich gekehrt ist.

Schlimme Unfälle, traumatische Erlebnisse oder permanenter Negativstress können ebenfalls eine Depression auslösen. Manche Hundebesitzer glauben dann fälschlicherweise, sie hätten einen faulen Hund, weil er nicht mehr an dem interessiert ist, was ihm früher Spaß gemacht hat. Auffallend ist bei jüngeren Hunden, dass sie teilnahmslos stehen bleiben, obwohl sie zum Toben animiert werden. Meistens muss man diese Vierbeiner auch zum Gassigehen zwingen, da sie nur noch mit halb geschlossenen Augen zu Hause herumliegen. Auch Panikattacken, Schlafstörungen und ein mangelnder oder übermäßiger Appetit können ernsthafte Symptome sein. Wichtig beim Erkennen einer Depression ist die Körpersprache des Hundes: Sie ist reduziert, die Haltung ist eher geduckt, und das Tier bewegt die Ohren kaum mehr. Manch depressiver Vierbeiner hört sogar mit dem für ihn typischen lautstarken Revierverteidigen auf.

Zeigt ein Tier verstärkt entsprechende Symptome, sollte man sie sich unbedingt von einem Tierarzt oder Hundeexperten bestätigen lassen. Denn eine Depression kann lebensbedrohlich werden. Handelt es sich wirklich um diese, hat der Besitzer diverse Möglichkeiten, seinem Vierbeiner zu helfen. Er sollte sich dabei dem Tempo des Hundes anpassen und ihn zu nichts zwingen. Durch Anreize wie sanftes Streicheln mit kreisenden Handbewegungen oder freundliches Zureden kann man den Vierbeiner sozusagen »aufwecken« und dadurch die Bindung zu seinem Menschen fördern. Auch sollte der Hund behutsam mit Dingen oder Situationen konfrontiert werden, die ihm früher Spaß gemacht haben. Dies kann das Lieblingsspielzeug sein, besondere Leckerlis oder auch eine »Fahrt ins Blaue«. Mit viel Geduld werden Erfolge zu erkennen sein, und der Hund wird sein Leben langsam aber sicher wieder genießen können.

Dominante Hunde kann man nicht erziehen

Begegnet ein Hund mit majestätischem Gang Artgenossen, ist sein Nackenfell gesträubt, seine Rute steil nach oben gerichtet und der Kopf hoch erhoben. Dies ist ein Paradebeispiel für dominantes Verhalten. Riefe der Besitzer in dieser Situation seinen Hund zu sich, könnte er davon ausgehen, dass der ihn ignoriert. Diese Reaktion ist typisch für einen dominanten Vierbeiner. Entsprechende Charaktereigenschaften zeigen sich bereits bei der Auswahl des Hundes (siehe auch: **Rassen**). Oft sind Hundeliebhaber von nordischen Rassen sowie von Terriern und Dackeln total begeistert. Auch erobert vor allem der Welpe ihr Herz im Sturm, der sie durch sein selbstbewusstes Auftreten anzieht (siehe auch: **Welpenkauf**). Doch warum scheinen solche Hunde später erziehungsresistent zu sein? Es ist die Neigung zur Dominanz, die vom Besitzer unbewusst unterstützt wird, indem er seinen Vierbeiner zu viel selbst entscheiden lässt. Deshalb wird dieser austesten, wie weit er gehen kann. Zum Beispiel lässt er – natürlich ganz aus Versehen – den Ball unter die Couch oder den Schrank rollen. Kommt keine Reaktion von seinem Menschen, muss der Vierbeiner bellen. Selbstverständlich holt sein Besitzer daraufhin den Ball hervor. Ist ja auch kein Drama, glaubt er. Doch statt den Ball anschließend wegzulegen, um dem Hund klarzumachen, dass er die Situation regelt und nicht nach seines Lieblings Pfeife tanzt, bekommt der Hund ihn wieder. Somit beginnt ein Spiel, bei dem der Hund eine Menge Spaß hat und seinen Menschen mit großem Erfolg gezielt dressiert. Und es fallen ihm noch mehr Dinge ein: Möchte er hinaus, wird die Terrassentür geöffnet. Genau im spannendsten Moment des Sonntagskrimis möchte er wieder hinein. Sein Mensch gehorcht, denn der Hund kann sich ja schlecht die Tür selbst öffnen. Mittlerweile ist der dominante Vierbeiner sowieso davon überzeugt, dass alle seine Wünsche umgehend erfüllt werden.

Natürlich kann sich ein Hund nicht selbst eine Futterdose öffnen, aber er kann lernen, sich entspannt hinzusetzen und geduldig zu warten, bis sein Mensch die Entscheidung trifft. Hunde, die einen dominanten Charakter haben, sind daher definitiv nichts für inkonsequente Menschen. Diese Vierbeiner brauchen klare Strukturen (siehe auch: **Rangfolge**).

Oft ist es hilfreich, eine Hundeschule zu besuchen. Der Hundehalter sollte dann im Training von seinem selbstbewussten Hund nicht erwarten, dass dieser Befehle gleich mit großer Begeisterung ausführt. Seiner Veranlagung entsprechend, wird er immer wieder versuchen, Grenzen auszutesten. Zeigt der Hund erwünschtes Verhalten, macht er freudig bei den Übungen mit und schenkt seinem Menschen Aufmerksamkeit, sollte er dafür viel Lob bekommen. Mit Geduld, Souveränität und ausreichend Zeit lässt sich somit auch ein dominanter Vierbeiner gut erziehen (siehe auch: **Erziehung**).

E

Eifersucht kennt der Hund gut

Viele Hundebesitzer sind davon überzeugt, einen eifersüchtigen Vierbeiner zu haben. Doch kennt der Hund wirklich die Facetten der Eifersucht im menschlichen Sinn? Das kann man guten Gewissens verneinen. Man stelle sich Folgendes vor: Eine attraktive, gut aussehende Frau geht mit ihrer hübschen afghanischen Windhündin durch den Park. Dort begegnet sie einem Mann mit seinem Collie-Rüden. Da sich alle vier auf Anhieb gut verstehen, treffen sie sich immer wieder zu gemeinsamen Gassigehrunden. Der Mann hat sich gleich beim ersten Treffen Hals über Kopf in die Frau verliebt. Er hofft, dass er durch die große Sympathie, die sein Vierbeiner für die Windhündin empfindet, das Herz der Hundebesitzerin erobern kann. Es scheint, als ob der Wunsch des Collie-Herrchens in Erfüllung geht, und seine Chancen steigen, als er von der Afghanen-Halterin auf eine Grillparty eingeladen wird. Die Vierbeiner sind auch dabei, denn der Hausherr hat einen jungen, absolut verträglichen Chow-Chow-Rüden. Es verspricht, ein schöner Abend zu werden. Doch dann fängt der Gastgeber an, hemmungslos mit der Besitzerin der Windhündin zu flirten. Dem Collie-Herrchen verschlägt es vor Eifersucht die Sprache. Am liebsten würde er den Rivalen vom Tisch vertreiben. Da das nicht möglich ist, beobachtet er zur Ablenkung die drei Hunde. Der

Chow-Chow-Rüde hat mittlerweile die Afghanen-Hündin umworben, und beide spielen ausgelassen miteinander. Sein Collie liegt dabei entspannt im Gras und schaut seinen Artgenossen zu, wie sie miteinander Spaß haben. Von Eifersucht keine Spur! Denn es ist ein völlig normales hündisches Verhalten und zeigt, dass Hunde keine Eifersucht kennen. Er wird sich mit der Afghanen-Hündin weiterhin prima verstehen und sich bei jedem Spaziergang aufs Neue freuen, wieder mit ihr über die Wiese zu toben.

Häufig hört man Hundehalter bei einem Hundetreffen sagen: »Ich würde dich, süßes Fellknäuel, gern streicheln, aber das geht leider nicht, weil mein Hund sofort eifersüchtig wird.« Es stimmt, dass ihr eigener Vierbeiner es nicht mag, wenn sein Mensch einen Artgenossen streichelt. Schließlich hat er die älteren Rechte an seinem Besitzer und fordert die alleinige Aufmerksamkeit ein. Dies ist der Grund für sein auffälliges Benehmen, und nicht die unterstellte Eifersucht! Vergleichbar ist das mit seinem Lieblingsspielzeug, das er sich niemals wegnehmen lassen würde. Auch wenn sich ihre Menschen umarmen und küssen, gehen Hunde oft dazwischen, weil sie damit klarmachen wollen, dass sie in der Rangfolge die Nummer eins sind und es nicht zulassen können, dass sie nicht beachtet werden und keine Zuwendung bekommen.

Um seinem Hund all diese Verhaltensweisen abzugewöhnen, sollte man ihn ignorieren, wenn er versucht, sich in den Mittelpunkt zu drängeln. Egal, ob es dabei um den Partner geht oder einen anderen Hund, den man streicheln möchte. Jedes Mal sollte sich sein Mensch mit dem Rücken zu seinem Vierbeiner hinstellen und ihm dadurch klar signalisieren, dass er der Chef ist und selbst bestimmt, wer wann welche Aufmerksamkeiten von ihm bekommt (siehe auch: **Ignorieren**).

Eine **Eingewöhnungszeit** für Hunde ist überflüssig

Kommt ein Hund in sein neues Zuhause, wird er oft sofort in den Alltag integriert, denn sein Besitzer ist der Meinung, dass eine Eingewöhnungszeit für den Vierbeiner überflüssig ist. Das Gegenteil ist der Fall: Die Eingewöhnungsphase ist für alle Hunde entscheidend, auch wenn sie individuell verschieden lang verläuft. Man sollte sich vor Augen halten, dass der Neuankömmling seine gewohnte Umgebung, seine bisherige Bezugsperson und seine Artgenossen verloren hat! Kommt ein Welpe vom Züchter, wird er seine Mutter wie auch seine Geschwister vermissen. Auf einmal prasseln neue Gerüche, Reize und unbekannte Situationen auf ihn ein. Das muss der Vierbeiner erst einmal verarbeiten können. Auch wenn seine neue Familie am liebsten eine Willkommensparty feiern möchte, braucht der Hund Ruhe. Er muss ungestört seine neue Umgebung entdecken können, ohne dass seine Menschen permanent mit ihm reden und ihm gleich alles zeigen wollen.

Es tut dem Hund nicht gut, am Tag des Einzugs dauernde Aufmerksamkeit zu bekommen. Wollen ihn Kinder, Nachbarn und Freunde knuddeln und streicheln, kann es sein, dass er sich dies nicht gefallen lässt. Sogleich wird ihm der Stempel aufgedrückt: »Der ist aber scheu!« Wird er versuchen, Abstand zu halten, dann heißt es: »So ein schüchterner ängstlicher Welpe!« Schreien die Kinder durcheinander und will jeder zuerst von ihm beachtet werden, ist das alles aus Hundesicht sehr verwirrend. So uriniert er erst einmal auf den Teppich. Sofort wird er hinausgebracht – dort ist aber auch alles Neuland! Kommt er zurück, fällt einem Familienmitglied prompt ein, dass er bestimmt Hunger hat. Man stellt ihm einen Fressnapf hin, und alle umringen ihn, um zu sehen, ob es ihm wohl schmeckt. Das alles ist für den Vierbeiner viel zu viel.

Ihn erst einmal ankommen zu lassen, ihm einen Schlafplatz dicht bei seinem Menschen einzurichten, der Sicherheit gibt und auf dem er sich wohlfühlen kann, wäre für ihn in dieser Situation der Hundehimmel auf Erden. Doch schon geht die Überforderung weiter. Seine Menschen haben alles im Überfluss gekauft, was das Hundeherz begehrt. Eine große Menge Spielzeug, denn woher sollen sie wissen, ob der Neuankömmling lieber mit etwas Flauschigem, Quietschendem oder doch lieber mit einem Gummiball spielen möchte (siehe auch: **Quietschspielzeug**). Freie Liegeplatzwahl soll sein Liebling auch bekommen. Er erhält zwei Hundekissen, ein Körbchen aus Weide, eines aus Stoff und eine Reisebox. Das neue Hundegeschirr und die Leine werden auch gleich getestet (siehe auch: **Hundegeschirre**, **Leinen**). Zum Glück ist es die richtige Größe, und farblich sind sie perfekt abgestimmt. Doch dieses übergroße Angebot ist viel zu viel für den Familienzuwachs! Deshalb sollte man dem Hund erst nach und nach seine Ausstattung geben.

Ein Mensch, der eine Reise macht, will sich nach der Ankunft auch erst akklimatisieren und schaut sich keinesfalls alle Sehenswürdigkeiten am ersten Tag an. Zu viel des Guten überfordert nicht nur den Menschen, sondern auch den Hund.

Die **Ernährung** ist gesund, wenn der Hund alles gerne frisst

Für Futter tun die meisten Hunde alles. Selbst ein ruhiges, träges Exemplar wird schlagartig munter und aufmerksam, hört es das Knistern der Futtertüte. Doch Vorsicht: Vierbeiner fressen mitunter Sachen, die ihnen gar nicht bekommen! Manche Hunde mögen zum Beispiel so appetitliche Dinge wie Pferdeäpfel, Katzenkot, Hundekot oder Gülle (siehe auch: **Kotfressen**).

Der Besitzer geht anfänglich davon aus, dass sein Hund genau weiß, was ihm guttut. Obwohl er sich da manchmal nicht mehr so sicher sein kann, wenn der Vierbeiner Holz oder Plastik frisst. Selbst Schokolade oder Kekse liebt er, die allerdings Gift für den Hund sind (siehe auch: **Schokolade**). Vor allem dunkle Schokolade kann lebensgefährlich sein, ebenso wie Rosinen. Auch vor vergifteten Ködern in Parks machen Hunde nicht halt, wenn sie gut schmecken. Es ist also ein Trugschluss zu glauben, dass die Ernährung für den Vierbeiner gesund ist, wenn er alles gerne frisst. Eher ist es ein Beweis dafür, dass Hunde nicht zwischen gut und schlecht unterscheiden können. Die Hundefutterindustrie hat sich darauf spezialisiert, schmackhaftes Futter herzustellen, das jeden Hundetyp optimal ernähren soll. Und selbstverständlich erfreut es das Herz des Hundebesitzers, in welcher Rekordzeit der Futternapf geleert wird. Dabei macht sich der Mensch keine Gedanken darüber, woher das Futter stammt, auf welche Weise es produziert wurde oder was die tatsächlichen Inhaltsstoffe sind. Er vertraut der Werbung und dem Etikett auf der Futterverpackung, das »gesunde Ernährung aus der Natur« verspricht. Zufrieden, dass er jetzt endlich das richtige Futter gefunden hat, füllt der Hundebesitzer sofort zu Hause den Napf damit. Die Angaben auf der Verpackung versprechen eine artgerechte Ernährung. Und richtig, sein Vierbeiner frisst nicht nur die Schüssel leer, er leckt sie auch genüsslich aus. Nach ein paar Wochen beginnt sich sein Liebling jedoch vermehrt zu kratzen. Sein Mensch sucht ihn auf Zecken und Flöhe ab, findet allerdings nichts. Nach ein paar Tagen, der Hund kratzt sich weiter, beschließt er, Hilfe beim Tierarzt zu suchen. Eine Odyssee an Untersuchungen beginnt. Doch der Juckreiz wird schlimmer. Da liest der Hundebesitzer in der Zeitung etwas über Lebensmittelunverträglichkeit. Könnte das auch auf seinen Hund zutreffen? Sollte das Futter der Auslöser sein? Um dies herauszufinden, wechselt er das Produkt. Und siehe da, der Juckreiz verschwindet nach einer gewissen Zeit. Bei anderen Vierbeinern kann unbekömmliches Futter zu Verdauungsstörungen oder Fellproblemen führen, oder sie fühlen sich insgesamt unwohl.

Bekannt ist vor allem die Getreideunverträglichkeit. Ist das Getreide jedoch fermentiert, kann der Hund es unter Umständen fressen. Generell sollte sich jeder Hundebesitzer die Futterzusammensetzung genau ansehen. Die Nahrung soll frei sein von Füll- und Lockstoffen, Fettzugaben, Soja, Tier-, Pflanzen- und Getreidemehlen wie auch von chemischen Zusätzen. Es sollte keinerlei Zucker enthalten sein, denn davon wird der Hund abhängig. Der Höhe des Prozentsatzes an Rohprotein und Rohfett sollte am Energieverbrauch des Vierbeiners gemessen werden. Wichtig ist auch der Fleischanteil. Hunde sind keine reinen Fleischfresser, weshalb der Anteil zwischen fünfzig und siebzig Prozent liegen sollte. Ebenso sind Kräuter und Pflanzliches für den Vierbeiner sehr empfehlenswert. Doch das Produkt, das all dies erfüllt, ist nicht leicht zu finden.

Deshalb sind viele Halter verunsichert und kochen lieber selbst für ihren Liebling. Dabei muss bedacht werden, dass der Hund zusätzliche Nahrungsergänzungen benötigt. Es ist auch eine Mär, dass sie Knochen brauchen, die gut für die Zähne sein sollen. Oft führen sie zu Verstopfungen. Vor allem dürfen Vierbeiner keine Mark-, Röhren- und Geflügelknochen bekommen, da die Verletzungsgefahr zu groß ist. Besser sind Hundekauknochen oder Kauartikel, die zusätzlich die Zähne reinigen. Man kann Tiere gut an eine andere Nahrung gewöhnen, indem man etwas von dem neuen Futter unter das alte mischt. Jede Futterumstellung sollte über ungefähr fünf Tage erfolgen. Es ist empfehlenswert, den erwachsenen Vierbeiner täglich zweimal zu füttern.

Es gibt mittlerweile auch Ernährungsberater für Hunde, die erfolgreich arbeiten und gute Ernährungstipps geben.

Ein **Erste-Hilfe-Kurs** für Hunde ist überflüssig

Jeder Führerscheinbesitzer hat einen Erste-Hilfe-Kurs machen müssen. Auch wenn dieser meist schon lange zurückliegt, weiß man vielleicht noch ein paar Dinge, die beim Ernstfall zu beachten sind, wie etwa die stabile Seitenlage, oder wie man einen Druckverband anlegt.

Doch was ist bei seinem Hund zu tun, falls diesem etwas zustößt? Manche Besitzer meinen, dass sich die Versorgung einer hündischen Verletzung kaum von der einer menschlichen unterscheidet. Das ist nicht richtig, denn beim Vierbeiner muss meistens anders vorgegangen werden als beim Zweibeiner. Außerdem reagiert ein Hund in Notsituationen reflexartig, und dies kann für den Menschen schnell gefährlich werden. Daher sind Erste-Hilfe-Kurse für Hunde durchaus empfehlenswert, denn Hundehalter sollten wissen, wie sie sich ihrem eigenen oder einem fremden verletzten Tier gegenüber zu verhalten haben.

Spielen zwei Rüden im Park miteinander, kann aus dem Spiel eine Rauferei entstehen, bei der schon mal ein Ohr verletzt werden kann. Da ist es hilfreich, wenn die Besitzer einen Erste-Hilfe-Kurs belegt haben und so die Erstversorgung vornehmen können. Hierzu klappt man das Hundeohr nach hinten, damit kein Blut ins Innenohr laufen kann, und legt einen Druckverband an, um die Blutung zu stoppen. Anschließend fährt man zum Tierarzt.

Unwissende Hundebesitzer würden das Tier genauso verarzten, als hätte ihr Partner sich beispielsweise an der Ecke einer Kofferraumklappe den Kopf blutig gestoßen. Aber dem Vierbeiner einfach einen Verband anzulegen, würde nicht funktionieren. Hunde, die Schmerzen haben, wehren sich, weil sie nicht wissen, dass man ihnen helfen will. Es ist gut möglich, dass der »Retter« die Zähne des Hundes in seiner Hand spürt. Damit dies nicht passieren kann, bekommt ein Halter in einem Erste-Hilfe-Kurs für Hunde genau gezeigt, wie dem Tier mit einer bestimmten

Handbewegung eine Maulschlinge angelegt wird. So kann das Zuschnappen fremder Artgenossen verhindert werden. Außerdem wird erklärt, wie oft das Herz eines Vierbeiners im Normalfall in der Minute schlägt und wie oft er atmet.

Selbst bei Wiederbelebungsmaßnahmen gibt es erhebliche Unterschiede. So darf bei Atemstillstand dem Hund keinesfalls die Nase zugehalten und eine Mund-zu-Mund-Beatmung, sondern eine Mund-zu-Nase-Beatmung durchgeführt werden. Zusätzlich werden das richtige Anlegen eines Pfotenverbandes oder das korrekte Vorgehen bei Vergiftungserscheinungen und Schockzuständen erläutert.

Auch wenn in den meisten Fällen trotzdem ein Tierarzt aufgesucht werden muss, kann der Besitzer durch die richtige Hilfe dem Arzt die Behandlung erleichtern oder sogar Hundeleben retten, ohne sich selbst dabei in Gefahr zu bringen.

Erwachsene Hunde können nichts Neues mehr lernen

Welpen und Junghunde sind naturgemäß sehr neugierig und schnell zu begeistern. Das wissen viele Hundebesitzer und investieren eine Menge Zeit in diese wichtige Phase, in der die Kleinen viele neue Dinge lernen. Ist die Erziehung abgeschlossen, verhält der Hund sich so, wie der Hundehalter ihn sich immer gewünscht hat. Abends ist es zu einem unverzichtbaren Ritual geworden, dass der Vierbeiner mit ihm einen gemütlichen Fernsehabend auf der Couch genießt. Doch dann ändern sich die Lebensumstände: Ein neuer Partner des Menschen bringt so einiges im Hundeleben durcheinander, und sein Liebling muss sich in Zukunft mit einem Liegeplatz am Boden begnügen. Doch der Hund will weiterhin mit auf dem Sofa liegen.

Würde der Vierbeiner nicht mehr lernen können, dass das Sofa tabu geworden ist, müssten die Menschen es ihm wohl oder übel überlassen und sich zu zweit auf dem

Teppich behaglich einrichten oder sich eine zweite oder eine größere Couch anschaffen. Doch der erwachsene Hund ist sehr wohl imstande, Neues zu lernen. Um den Vierbeiner an seinen neuen Platz zu gewöhnen, muss man ihn konsequent und wortlos jedes Mal, wenn er auf die Couch gesprungen ist, hinunterbefördern. Gibt man ihm auch keine Chance, auf dem freien Sofa zu liegen, wird er umso schneller lernen, sich zu Füßen seines Menschen wohlzufühlen.

Beim erwachsenen Hund dauert es natürlich länger als bei einem jüngeren, bis er etwas Neues lernt, und sein Mensch braucht mehr Geduld, um ihm das beizubringen.

Doch ältere Hunde lernen auch von ihren Artgenossen. Ist beispielsweise keine geschlossene Tür vor dem Nachbarshund sicher und ist der eigene Vierbeiner öfter dort zu Besuch, wird dieser nach einiger Zeit zum Meister im Klinkendrücken. Sein Mensch wird sich wundern, wenn sein Liebling auf einmal freudig neben ihm steht, obwohl er ihn hinter einer geschlossenen Tür zurückgelassen hat.

Erwachsene Hunde können sich auch völlig neuen Lebenssituationen anpassen. Sonst wäre es für jeden älteren Hund aus dem Tierheim eine Katastrophe und weniger ein Glücksfall, wenn er ein neues Zuhause bekommt.

Ältere Vierbeiner benötigen mehr Zeit und Einfühlungsvermögen als junge. Doch jeder Hund lernt unabhängig vom bisherigen Können mit Freude sein Leben lang.

Erziehung braucht nur der schwierige Hund

Dieser Satz würde im Umkehrschluss bedeuten, dass der normale Hund keine Erziehung nötig hat. Oder sich sogar alles selber beibringt. Das wäre genial! So einen Hund wünscht sich wohl jeder Hundeliebhaber, und die Hundeschulen könnten endlich nur noch Beschäftigungsprogramme und Hundesport anbieten. Wäre dies der Fall, würde vom ersten Tag an der Alltag mit einem Hund total reibungslos verlaufen. Jeder Welpe wäre imstande, sofort auf seinen Namen zu hören. Ginge der Mensch einkaufen und verließe die Wohnung, bliebe sein Vierbeiner wie selbstverständlich allein und würde ein Schläfchen in seinem Körbchen machen. Er weiß schließlich selbst, was einen guten Hundecharakter ausmacht. Dies alles ist und bleibt eine Traumvorstellung. Woher soll ein Vierbeiner im Umgang mit seinem Menschen wissen, was von ihm erwartet wird oder wie er sich in bestimmten Situationen zu benehmen hat, wenn es ihm nie beigebracht wurde?

Selbst einem Kleinkind muss erst gezeigt werden, welcher Schuh an welchen Fuß gehört oder wie man eine Schleife bindet. Genauso muss auch jeder Hund zunächst einmal sehr viel lernen und erzogen werden. Den sogenannten von Natur aus schwierigen Hund gibt es außerdem nicht. Erst Tiere, die nie eine angemessene Erziehung genossen haben oder schlimme Erlebnisse hatten, werden zu problematischen Vierbeinern (siehe auch: **Verhaltensstörungen**).

Generell gilt, dass der Mensch seinem Hund beibringen muss, wie das Zusammenleben funktioniert, und nicht umgekehrt. Viele Hundehalter lassen sich zu oft auf Kompromisse ein, diskutieren für ihr Leben gerne mit ihren Lieblingen und haben immer eine Entschuldigung für das hündische Verhalten parat.

Zur Veranschaulichung: Der Hundebesitzer geht Gassi und ruft seinen Hund, der aber nicht kommt, sondern weiter intensiv an einem Auto schnüffelt. Der Zweibeiner erklärt den Ungehorsam damit, unter dem Auto sei sicher eine Katze. Menschen neigen dazu, die Unarten ihres Hundes zu entschuldigen und hinzunehmen. Manche Halter können ihren Hund nicht davon abbringen, mitten auf einem Feld zu graben. Andere Vierbeiner kläffen und springen ständig ihren Menschen an, bis der endlich den Ball wirft. Derjenige Hundehalter, dessen Hund »nur« nicht kommt, wenn er etwas Interessantes entdeckt hat, sieht das Verhalten der anderen Vierbeiner als viel schwieriger an. Er glaubt, dass er im Gegensatz zu ihnen mit seinem Liebling einen Glücksgriff getan hat. Doch das Verhalten des Hundes ist nicht abhängig von Glück oder Pech. Weder erzieht sich ein Vierbeiner von allein, noch versteht er die Sprache seines Menschen und kann diese in hündisches Handeln umsetzen. Gehorsame Hunde sind das Ergebnis konsequenter, verständnisvoller, effektiver Erziehung, die mit viel lobenden Worten bereits im Welpenalter begonnen hat.

Erziehungshilfen ersetzen die Erziehung

In vielen Katalogen oder auch im Zoofachhandel werden die verschiedensten Utensilien und Geräte als Erziehungshilfen bei unerwünschtem Verhalten wärmstens empfohlen. Es wird versichert, dass durch diese Hilfsmittel der Hund automatisch wie von Zauberhand endlich das unerträgliche Benehmen ablegt (siehe auch: **Verhaltensstörungen**). Für jegliche Probleme werden Erziehungshilfen als passende Lösung versprochen: Eine Schleppleine garantiert, dass der Hund nicht mehr wegläuft. Ein Sprühhalsband verhindert den Jagdtrieb. Ein sogenanntes Halti, ein dem Pferdehalfter ähnliches Kopfgeschirr, stoppt das ungestüme Verhalten. Ein Antibellhalsband wird angelegt, damit die Nerven der Nachbarn nicht überstrapaziert werden. Dies klingt erfolgversprechend für viele Hundebesitzer, die sich freuen, dass ihr Vierbeiner bald das erwünschte Verhalten zeigen wird. Das ist allerdings ein Trugschluss! Erziehungshilfen können keinesfalls die Erziehung ersetzen.

Dies zeigt folgender Fall: Ein Hundebesitzer hat einen Berner Sennenhund. Der ansonsten gemütliche Vierbeiner ändert beim Spaziergang im Park unversehens sein Verhalten, zieht seinen Menschen erbarmungslos hinter sich her und bestimmt das Tempo. Der ein oder andere Passant bleibt stehen und belächelt, wie der starke Teddybär seinen Menschen spazieren führt. Vor allem aber ist der Hundehalter fix und fertig, weil sein Liebling keine Rücksicht nimmt und ihn bereits durch mehrere Gebüsche gezogen hat. Zu dem täglichen Muskelkater in den Armen kommen nun auch Kratzer hinzu. Dem muss Einhalt geboten werden! Deshalb besorgt er sich ein Erziehungsgeschirr. Dieses verspricht, das Ziehen sofort zu beheben und ein entspanntes Gehen an der Leine zu ermöglichen. Voller Hoffnung probiert es der Hundebesitzer aus und ist total begeistert. Es funktioniert tatsächlich. Sein Hund hört nach kurzer Zeit auf zu ziehen. So kann sein Mensch wieder den Spaziergang genießen, weil er glaubt, dass sein Hund das richtige Benehmen an der Leine gelernt hat. Daher meint er ihm das lederne »Berner Halsband« anlegen zu können, denn ein stattlicher Berner Sennenhund sieht in einem Erziehungsgeschirr etwas eigenartig aus. Für den Vierbeiner ist es eine Erlösung, hat er doch das unangenehme Ding endlich los. Nun kann er seine Kräfte von Neuem ungehemmt walten lassen und zieht an der Leine wie eh und je. Der Hundebesitzer ist ratlos und fragt sich, ob er das Hilfsmittel vielleicht zu kurz verwendet hat. Das ist ganz und gar nicht der Grund! Egal, wie lange sein Liebling das Teil getragen hat, wird er immer wieder in seine alte Gewohnheit zurückfallen, weil er durch das Erziehungsgeschirr nichts gelernt hat. Damit der versprochene Erfolg eintreten kann, hätte sein Mensch gleichzeitig ein Training durchführen sollen.

Bei anderen scheinbar wirkungsvollen Hilfsmitteln wie zum Beispiel den Sprühhalsbändern kommt es auch oft zu Rückfällen. Sicher stoppt der Hund sofort, wenn ihm Wasser, Zitronenduft oder Luft gegen seine empfindliche Schnauze gespritzt oder geblasen wird. Jedoch wird ihm sein Jagdtrieb nicht abgewöhnt, sondern nur so lange unterdrückt, bis nichts mehr sprüht oder vergessen wurde, ihm das Halsband anzulegen. Es gibt auch Vierbeiner, die sich dadurch nicht beeindrucken lassen und weiterhin ihrem Jagdtrieb nachgehen (siehe auch: **Jagdtrieb**). Leider ist als Erziehungshilfsmittel auch die Nutzung des Teletakts, ein Stromstöße auslösendes Halsband, oft verbreitet. Solche Hilfsmittel, wie auch das Stachelhalsband, gehören definitiv verboten und sollten niemals verwendet werden! Denn auf Schmerz, Druck oder Einschüchterung darf kein Training basieren. Dem Vierbeiner sollte eine positive Alternative geboten werden, die ihm zeigt, wie er sich stattdessen verhalten soll.

Wie der Name schon sagt, Erziehungshilfen sind zusätzliche Hilfen bei der Erziehung. Ein Hilfsmittel beim Üben einzusetzen kann sinnvoll sein, aber es sollte nur als solches benutzt werden. Der Besitzer darf sich nicht darauf verlassen, dass der Gegenstand den Hund erzieht. Der Lernerfolg einiger Hilfen, wie das Halti, die Schleppleine oder die Trainingsdisc – kleine Metallscheiben an einem Ring –, ist vom richtigen Einsatz oder Timing abhängig. Bei unsachgemäßer Anwendung mancher Erziehungsmittel kann es unter anderem zu Schäden am Bewegungsapparat kommen, und der Hund wird mehr gestresst als erzogen. Es gibt natürlich auch Erziehungshilfen, die vom Hund von Anfang an als positiv wahrgenommen werden. Diese sind beispielsweise der Clicker, die Hundepfeife oder auch der Futterbeutel.

F

Fahrradfahren mit dem Hund ist ganz einfach

Hundebesitzer mit einem bewegungsfreudigen Hund, wie dem Magyar Vizsla oder dem Dalmatiner, wissen, dass das Fahrradfahren ihrem Liebling enorm viel Spaß macht. Außerdem ist ein auf den Hund abgestimmtes Tempo sehr gut für seinen Bewegungsapparat, macht ihn zufrieden und müde.

Ein Hundebesitzer möchte seinem Hund etwas Gutes tun, nimmt ihn also an die kurze Leine, damit sie nicht in die Speichen gerät und er das Tier besser unter Kontrolle hat. Während der Fahrt ist er ganz begeistert, denn sein Hund läuft von Anfang an brav nebenher. Doch plötzlich fliegt auf der anderen Straßenseite eine Amsel aus dem Gebüsch. Im selben Moment läuft der Vierbeiner in diese Richtung, wie er es von all den anderen Spaziergängen gewohnt ist. Dabei gerät er quer vor das Fahrrad. Bei der darauf folgenden Vollbremsung fliegt der Hundehalter unweigerlich über den Lenker und verletzt sich eventuell schwer. Erbost über das Verhalten seines Hundes, bezeichnet er ihn als dumm und macht ihn für den Sturz verantwortlich. Doch der kann wirklich nichts dafür! Sein Mensch hätte nicht einfach losfahren dürfen.

Das Fahrradfahren mit einem Hund muss geübt werden. Schließlich ist noch kein hündischer Meister vom Himmel gefallen. Damit der Vierbeiner problemlos nebenherlaufen kann, sind viele Einzelschritte nötig. Denn woher soll der Hund wissen, dass er sich neben dem Drahtesel angeleint nicht von spannenden Reizen ablenken lassen darf. Für ihn kann ein Fahrrad auch etwas komplett Neues sein, deshalb ist es wichtig, ihn zuerst daran zu gewöhnen. Auch sollte er von Anfang an den Drahtesel mit etwas Positivem verknüpfen. Am besten beginnt man das Training so: Der Mensch stellt das Fahrrad zwischen sich und seinen Hund. Verhält sich sein Liebling ruhig, bekommt er Leckerlis. Als Nächstes schiebt der Besitzer das Rad in einem Tempo, bei dem der Hund entspannt nebenhergehen kann. Die Leine sollte nicht um das Handgelenk gewickelt werden und gerade so lang sein, dass sie noch locker durchhängt. Kurven und mehrere Richtungswechsel werden zusätzlich trainiert, damit der Hund lernt, sich am Fahrrad zu orientieren. Außerdem sollte darauf geachtet werden, dass der Kopf des Vierbeiners nicht über die Hälfte des Vorderrads hinausreichen kann. Geht er brav neben dem Fahrrad her, gibt es ein Leckerli. Um ihn zu bestätigen, eignet sich auch ein Clicker (siehe auch: **Clicker**). Nach einigen erfolgreichen Übungseinheiten steigt man auf und dreht im Schritttempo kleine Runden. Am Anfang sollte dort geübt werden, wo keine Ablenkungen vorhanden sind. Funktioniert das, steht einem ersten kurzen erfolgreichen Fahrradausflug nichts mehr im Weg. Nach und nach können die Geschwindigkeit und die Länge der Strecke gesteigert werden. Der Mensch sollte darauf achten, sein Tempo dem Hund anzugleichen und ihm auch genügend Zeit zum »Zeitunglesen« und sich lösen zu geben. Jeder Vierbeiner braucht die Möglichkeit, Informationen über seine Artgenossen zu sammeln und in Ruhe sein Geschäft zu verrichten.

Auf keinen Fall sollte mit einem Junghund unter einem Jahr das Fahrradfahren begonnen werden, da es sonst zu einer Überbelastung der Gelenke kommt.

Viele Familien können sich ein Leben ohne Hund nicht vorstellen. Vater, Mutter, Kind und ein süßer Vierbeiner rundet das klassische Bild einer Familie ab. So ein wunderbarer Teddybär wie ein Bernhardiner, auf dem die Kinder sogar reiten könnten, oder ein süßer Golden Retriever als Schmuse- und Spielgefährte soll es sein. Natürlich sind auch kleine oder mittelgroße Rassen beliebt. Wurde der Entschluss gefasst, einen Vierbeiner anzuschaffen, geht die Suche nach dem idealen Familienhund los. Nach eingehenden Recherchen werden sie schnell fündig. Eine besonders für Familien geeignete Rasse soll es sein, sie gilt als ausnehmend gutmütig und wesensfest. Des Weiteren wird sie als lieb und fröhlich bezeichnet. Doch Vorsicht! Auch wenn die Grundvoraussetzungen positiv klingen, den perfekten Familienhund, der selbstverständlich Kinder liebt, gibt es nicht.

Diese Vierbeiner integrieren sich nicht zwingend von Anfang an automatisch in jedes Familienleben und lieben sofort jedes Kind. Sie sind zwar von der Veranlagung her geeigneter als andere Rassen und legen meist selbst ein infantiles Verhalten an den Tag, aber dass sie sofort jedes Kind ins Hundeherz schließen, ist ein Mythos.

Die Familie entscheidet sich zum Beispiel für einen Labrador, dem bis ins hohe Alter ein kindliches Verhalten eigen ist. Vor allem sei er leicht zu erziehen. Und so zieht der kleine tapsige Welpe in den Fünf-Personen-Haushalt ein.

Immer schwänzelnd läuft er herum, freut sich über jeden Besuch und macht ab der ersten Sekunde der ganzen Familie viel Freude. Nach einer Weile fangen die Kleinkinder an, ihn wie ein Stofftier zu behandeln. Er wird gezwickt, an den Ohren gezogen und permanent gestreichelt. Selbst wenn er schlafen will, wird er gestört. Die Eltern gestatten dies, denn sie haben ja schließlich einen Familienhund, der Kinder liebt. Bestimmt ist der Vierbeiner zufrieden, denn er hat immer Ansprache, und für genügend Trubel ist gesorgt. Da solche Vierbeiner gutmütig, wesensfest und sehr geduldig sind, erwecken sie nicht den Anschein, dass sie sich unwohl fühlen. Doch auch diese Rassen wehren sich irgendwann, wenn sie nicht genügend Ruhe bekommen, mit Knurren, Schnappen oder sogar Beißen. Dies ist eine zu erwartende Reaktion, wenn Überforderung und Stress nicht beachtet werden (siehe auch: **Stress**). Deshalb müssen auch Kinder lernen, respektvoll mit Hunden umzugehen. Ist das nicht der Fall, und der Welpe ist in der Prägephase, kann er eine irreversible Abneigung gegenüber Kindern entwickeln (siehe auch: **Präge- und Sozialisierungsphase**).

Natürlich ist es für Kinder wunderbar, mit Tieren, vor allem auch mit Hunden, aufzuwachsen. Doch sollte unbedingt auf die Bedürfnisse des Vierbeiners eingegangen werden. Er braucht eine Rückzugsmöglichkeit und Zeit, in der nur er beschäftigt wird. Es sollte generell darauf geachtet werden, ein kleines Kind niemals mit einem Hund allein zu lassen. Ein Vierbeiner sieht es nie als ranghöher an, sondern als gleichrangig oder eher unter ihm stehend.

Daher sollte die Erziehung des Hundes immer Aufgabe eines Erwachsenen sein. Die Kinder können ihm zusätzlich einfache Tricks beibringen und beim Üben mithelfen, so werden sie miteinander ein tolles Team bilden.

Feindschaft zwischen Hund und Katze ist für die Ewigkeit

Viele Menschen kennen die Redewendung: »Sie sind wie Hund und Katze«, das heißt, man versteht sich überhaupt nicht. Doch natürlicher wäre ein Vergleich wie »Hund und Maus« oder »Katze und Vogel«, denn beide passen in das jeweilige Beuteschema. Das ist bei Hund und Katze anders. Weder der Hund noch die Katze ist Beute des anderen. Doch trotzdem verstehen sie sich nicht immer.

Trifft der Mensch im Freien mit seinem Hund auf eine Katze, kann er sicher sein, dass sein Liebling ohne Zögern losrennen wird. Dieses Katzenjagen scheint zu bestätigen, dass zwischen Hund und Katze eine Feindschaft für die Ewigkeit besteht. Grundsätzlich stimmt das nicht. Hund und Katze können lernen, mit der Andersartigkeit umzugehen.

Gelingt es dem Menschen, seinen Hund bereits in der Prägephase (siehe auch: **Präge- und Sozialisierungsphase**) mit einer Katze vertraut zu machen, werden sich die beiden in Zukunft in Ruhe lassen. Selbst wenn der Stubentiger beim Vierbeiner durch sein Fluchtverhalten einen Jagdtrieb auslösen kann oder der Hund es nicht gewohnt ist, dass seine Beute »zurückschlägt«, beruht ihre Feindschaft eben auch auf einem Kommunikationsproblem. Der Hund wedelt zum Beispiel beim Anblick einer Katze vor Erregung mit dem Schwanz. Im Gegensatz dazu zeigt das Wedeln bei der Katze Angespanntheit und ist eine bewusste und ernst zu nehmende Drohung. Viele Menschen besitzen einen Hund und eine Katze, und es ist erstaunlich, dass die eigene nicht gejagt wird, dafür aber umso lieber die vom Nachbarn, wenn sie flüchtet. Bleibt sie stehen, macht einen Buckel und faucht, bremst der Hund meist ab und geht in großem Bogen um sie herum. Der Vierbeiner weiß, dass die »Kampfkünste« der Katze den seinen überlegen sein können.

Jeder Hundebesitzer sollte darauf achten, dass einerseits Hund und Katze sich rechtzeitig kennenlernen und andererseits der Vierbeiner keine Samtpfoten jagt. Er sollte mithilfe eines Trainings lernen, die Katze zu ignorieren, während er zu Beginn angeleint ist. Ist sich der Besitzer sicher, dass sein Hund das Kommando »Sitz!« zuverlässig ausführt, sollte er es sofort benutzen, sobald sein Hund eine Katze erblickt. Ist er immer noch aufgeregt, wenn man weitergehen will, wartet man ruhig ab, bis er sich entspannt. Auch kann ein Abbruchsignal wie »Stopp!« trainiert werden, was allerdings um einiges aufwendiger ist (siehe auch: **Jagdtrieb**). Oft hilft es in Gebieten mit vielen Katzen, den Hund durch Apportierspiele oder Ähnliches abzulenken. So ist ein friedliches Miteinander möglich. Hat sich das Katzenjagen beim erwachsenen Hund über viele Jahre ritualisiert, wird es sehr schwierig sein, es ihm abzugewöhnen, unmöglich ist es jedoch nicht.

Futterbelohnungen sind in der Hundeerziehung überflüssig

Werden Hundehalter in der Hundeschule gebeten, leckere Wurst- oder Käsestückchen für ihren Vierbeiner mitzubringen, sind einige davon nicht sehr begeistert. Sie befürchten, dass ihr Hund verwöhnt wird und nur noch auf die Leckerlis fixiert ist, also ausschließlich wegen der Belohnungshappen auf sie hört. Daher wollen viele Besitzer auf das Futter bei der Erziehung verzichten. Sie wollen keinen Vierbeiner haben, der nur gehorcht, weil er etwas bekommt. So glauben sie, dass die Probleme erst richtig anfangen, wenn sie die Leckerlis einmal vergessen haben. Einerseits ist es durchaus verständlich, dass das permanente Futterlob den Halter stört. Andererseits ist es für die effiziente Erziehung unentbehrlich, denn Futter steht auf der Favoritenliste eines Hundes ganz weit oben. Oft scheuen Besitzer auch Futterbelohnungen, weil sie meinen, dass der Hund davon übergewichtig wird. Deshalb sollten die Stücke klein sein und vor allem mager. Viele Vierbeiner mögen auch gern Karotten, von denen sie dann mehr fressen können. Generell ist es sinnvoll, wenn Hunde vor den Übungen nicht gefüttert werden. Leckerlis sollten nicht zusätzlich zur Mahlzeit gegeben, sondern von der Fressportion abgezogen werden. Bekommt ein Vierbeiner ausschließlich Nassfutter, kann es ebenso im Training mit extra entwickelten Futtertuben eingesetzt werden. Denn auf Futterbelohnungen sollte nicht verzichtet werden.

Schließlich ist es für jeden Vierbeiner Arbeit, neue Kommandos zu lernen. Er darf sich weder von seiner Umwelt, noch von anderen Artgenossen ablenken lassen, sondern muss seine gesamte Aufmerksamkeit seinem Menschen widmen. Dies erfordert seine volle Konzentration und ist anfangs anstrengend für ihn. Jeder möchte gern für getane Arbeit einen Lohn bekommen. Dementsprechend ist es für den Hund eine wirkungsvollere Bestätigung, wenn er Leckerlis statt allein ein verbales Lob bekommt. Sie helfen ihm, bei der Sache zu bleiben, und die Übungen festigen sich schneller.

Außerdem lernt der Hund, in Zukunft das Gelernte freudiger zu zeigen und besser zu verknüpfen. Futter ist die Hauptressource für ihn, das ist genetisch festgelegt. Bereits der Welpe weiß, dass er ohne Nahrung keine Überlebenschance hätte. Entscheidet der Mensch über das Futter, erhält er bei ihm einen hohen Stellenwert. Der Vierbeiner lernt dadurch, dass er ohne seinen Besitzer schlechte Karten hat. Auf diese Weise festigt sich die Rangfolge (siehe auch: **Rangfolge**).

Wichtig ist bei der erfolgreichen Erziehung mit Leckerlis, dass der Besitzer seinen Hund mit Belohnungshappen *bestätigt* und nicht *lockt*. Sonst entsteht die von vielen befürchtete Gefahr, dass er nur mit dem Lockmittel Futter gehorcht. Vergleichbar mit einem Esel, der nur dank der Karotte vor dem Maul brav weiterläuft. Zur Veranschaulichung: Ein Mensch, der seinem Welpen das Kommando »Sitz!« beibringen will, stellt sich hoch motiviert vor ihn hin und sagt mit freudiger Stimme: »Sitz!« Daraufhin schaut ihn sein Liebling ratlos an und bleibt stehen. Nimmt der Hundehalter ein Leckerli in die Hand und führt dieses über den Kopf des Welpen, wird er sich sofort hinsetzen (siehe auch: »**Sitz!**« oder »**Platz!**«). So kann die Futterbelohnung direkt und im richtigen Moment erfolgen. Das verstärkt den Lerneffekt, und weil es einfach funktioniert, haben beide Spaß beim Üben. Es ist wichtig, dass so lange mit Leckerlis geübt wird, bis der Hund die Kommandos sicher beherrscht. Dann können sie langsam abgebaut werden, indem der Vierbeiner nur noch nach dem Zufallsprinzip belohnt wird, bis sie irgendwann ganz weggelassen werden können. Somit hat der Mensch einen Vierbeiner, der auch ohne Leckerlis zuverlässig folgt.

Futterneid ist eine hündische Unart

Jedem Hundebesitzer ist bekannt, dass sein Vierbeiner sofort angelaufen kommt, wenn er eine knisternde Futtertüte hört. Nicht nur dem eigenen Hund läuft bei diesem verlockenden Rascheln das Wasser im Maul zusammen, im Park gesellen sich auch gern noch weitere Artgenossen hinzu. Selbst wenn sie sich gut verstehen, kann es passieren, dass sein Vierbeiner versucht, den anderen wegzuschnappen. Viele Hundehalter sind im Laufe der Zeit über diese Unart zunehmend verärgert. Langsam müsste ihr Hund doch wissen, dass er auf alle Fälle ein Leckerli erhält und nicht futterneidisch zu sein braucht. Besitzt der Halter zwei oder mehrere Vierbeiner, spielt sich oft dasselbe ab. Jeder will zuerst durch die Küchentür, und der eine wartet nur darauf, dem anderen das Futter stibitzen zu können. Der Napf wird dann im Rekordtempo geleert – was im Magen ist, kann einem nicht mehr genommen werden! Der Besitzer ist verärgert und ratlos und fragt sich, wie er den Vierbeinern dieses unerwünschte Verhalten abgewöhnen kann. Die einzig zutreffende Antwort darauf ist: »Gar nicht!« Denn der Futterneid ist eine hündische Eigenschaft und keine Unart. Schon Welpen versuchen gleich nach der Geburt, als Erste an die prallste Zitze der Mutter zu gelangen, indem sie ihre Geschwister zur Seite drängen. Futter garantiert ihr Überleben, das wissen sie. Dieses Denkmuster bleibt ihnen erhalten. Deshalb sollte der Mensch dafür sorgen, dass kein Konkurrenzkampf um das Futter auftreten kann. Das lässt sich erreichen, indem er die Vierbeiner »Sitz!« machen lässt und ihnen anschließend ein Leckerli gibt. So brauchen sie nicht um den Futterhappen zu eifern, da der Mensch die Reihenfolge bestimmt.

G

Im **Garten** ist der Hund auch allein sehr glücklich

Endlich ist es so weit, die Familie bezieht ihr Haus mit einem großen Garten. Nicht nur die Kinder können endlich draußen herumtollen, schaukeln und im Sandkasten spielen, auch ihr Hund wird sich wohlfühlen. Schließlich kann er den ganzen Tag frische Luft genießen. Am Anfang sieht es auch ganz danach aus. Er läuft interessiert herum, beschnuppert alles ausgiebig und beobachtet die Vögel. Sein Mensch geht beruhigt ins Haus, weil er seinen Vierbeiner gut aufgehoben weiß. Doch irgendwann hat dieser alles erkundet und lässt nun seiner Kreativität freien Lauf. Unter anderem testet er die Konsistenz des Rasens, indem er Löcher gräbt. Voller Eifer widmet er sich dem frisch eingepflanzten Rosenstock und sucht im Kräuterbeet nach Mäusen. Sein Mensch ist natürlich stocksauer. Nachdrücklich verbietet er seinem Liebling diese Tätigkeiten und lässt ihn danach wieder allein im Garten zurück. Da dessen Möglichkeiten, sich dort allein zu beschäftigen, schwinden, kommt in ihm immer mehr Langeweile und Frust auf. Denn es ist ein Irrtum zu glauben, dass Hunde im Garten auch allein glücklich sind.

Um seiner Freudlosigkeit zu entkommen, bleibt ihm nichts anderes übrig, als sich erneut eine Beschäftigung zu suchen. Er läuft nervös am Zaun hin und her und kläfft alles an, was vorbeigeht. Denn ihm bleibt nichts anderes übrig, als auf das Grundstück aufzupassen (siehe auch: **Revier verteidigen**). Das nervt auf Dauer nicht nur die Nachbarschaft, sondern auch die Familie. Sie können sich nicht einmal beim sonntäglichen Frühstück auf der Terrasse in Ruhe unterhalten, da ihr Vierbeiner jedes Mal bellt, wenn jemand vorbeigeht. Das Gekläffe wird im eigenen Garten zur Zerreißprobe. Es ist schwer zu begreifen, warum ihr Liebling weiterbellt, wo er sich doch freuen müsste, nicht mehr allein im Garten zu sein. Auch mit vielen beruhigenden Worten lässt sich ihr Vierbeiner nicht besänftigen. Das liegt daran, weil er sich durch die Aufmerksamkeit, die ihm seine Familie schenkt, bestätigt fühlt. Also nimmt er seine selbst gewählte Aufgabe noch ernster. Mittlerweile reagiert er lautstark auf das leiseste Geräusch. Ist es dem Hund egal, ob seine Menschen bei ihm draußen sind oder nicht? Da er sehr oft allein im Garten ist, hat er das Verhalten so verinnerlicht, dass es für ihn keine Rolle mehr spielt, ob seine Familie anwesend ist oder nicht. Würde man den Hund fragen, wie er sich im Garten fühlt, würde er sagen, dass er aus Langeweile die Rolle des Aufpassers übernommen habe, damit aber überfordert und gestresst sei. Zusätzlich bedauere er, dass im Laufe der Zeit seine Gassigehrunden immer kürzer geworden seien.

Damit Hunde wirklich zufrieden sein können, brauchen sie das Zusammensein mit ihren Menschen. Dafür verzichtet ein Vierbeiner gern auf das eingezäunte Grün. Lastet sein Besitzer ihn sowohl unterwegs, im Haus, als auch im Garten sinnvoll aus, genießt es sein Liebling mit Sicherheit, für eine kurze Zeit draußen allein entspannen zu können.

Hunde, die **gähnen**, sind stets müde

Nachdem der Hund ausgeschlafen hat, will sein Mensch mit ihm eine ausgedehnte Einkaufsrunde in der Stadt drehen. Nach einer gewissen Zeit bleibt der Vierbeiner immer wieder stehen und gähnt. Der Besitzer versteht die Welt nicht mehr. Jetzt hat sein Liebling stundenlang geschlafen und ist schon wieder müde. Auch ein paar aufmunternde Worte bleiben erfolglos. Der Halter stellt fest, dass er heute eine Schlaftablette auf vier Pfoten an der Leine hat. Dies ist jedoch in keiner Weise der Fall. Der Hund ist hellwach, aber enorm gestresst von den verschiedenen Gerüchen, fremden Artgenossen und den vielen Menschenbeinen, von denen er getreten werden könnte. Von all diesen Eindrücken ist er wenig begeistert, und der Stadtbesuch überfordert ihn. Um die innere Anspannung abzubauen, gähnt er und nicht, weil er müde ist. Er beschwichtigt sich und seine Umwelt, in der Hoffnung, dass sie sich besänftigen lässt (siehe auch: **Beschwichtigungssignale**). Zudem ist vielleicht auch sein Mensch unter Zeitdruck, denn er will möglichst schnell alle Einkäufe erledigt haben. Auch diese Hektik überträgt sich auf den Vierbeiner, und er kann gar nicht mehr aufhören zu gähnen (siehe auch: **Gefühle**, **Stress**). Ebenso gähnt ein Hund auffällig heftig, wenn sein Besitzer stundenlang mit ihm redet, ihm alles erklärt und unermüdlich mitteilt, was er von ihm erwartet. Bespricht der Mensch mit seinem Hund den gesamten Tag, während er das Fressen zubereitet, ist das für seinen Liebling ausgesprochen stressig. Zweibeiner vergessen gern, dass ihr Vierbeiner nicht ihre Sprache spricht. Es ist nur ein Schwall von unverständlichen Worten, die auf ihn einprasseln (siehe auch: **verstehen**). Der Hund will aber nur wissen, was er tun könnte, damit sein Mensch ihm endlich den Napf auf den Boden stellt. In all dem Wust an Lauten erkennt er kein bekanntes Kommando. Er versteht die Welt im wahrsten Sinne des Wortes nicht mehr. Dieser Umstand führt dazu, dass der Hund unter Druck gerät und gähnt. Damit geht es ihm wie einem Menschen, auf den in einer unverständlichen Sprache ohne Punkt und Komma eingeredet wird.

Achtet der Besitzer auf das Beschwichtigungssignal,

kann er seinem Hund in vielen Situationen helfen und sie ihm erleichtern. Beispielsweise kann ein Training verkürzt oder Stadtspaziergänge rechtzeitig abgebrochen und eine Pause eingelegt werden. Gähnt der Hund bei einem Restaurantbesuch, kann der Zweibeiner den Liegeplatz bewusster auswählen, damit der Vierbeiner entspannt ruhen kann, ohne sich vom Kellner oder den Gästen bedrängt zu fühlen. Freilich kann Gähnen auch zeigen, dass der Hund müde ist, dabei reckt und streckt er sich häufig. Ein aufmerksamer Hundehalter wird den Unterschied schnell erkennen.

Gassi gehen ist ausreichend für jeden Hund

Viele Menschen sind sehr froh darüber, dass ein Hund fester Bestandteil ihres Lebens ist. Gern legen sich Pensionäre einen Vierbeiner zu, weil sie gehört haben, wie gut ein Hund für die Gesundheit ist. So laufen der Zwei- und der Vierbeiner vormittags eine große Runde, nachmittags steht ein kleinerer Spaziergang an, und abends wird ihr Liebling noch einmal kurz hinausgelassen. Jedes Mal nach dem Gassigehen geht der Mensch wie gewohnt seinem Hobby nach oder erledigt die häuslichen Pflichten. Als Pensionär hat er endlich Zeit für seine Briefmarkensammlung, liest in Ruhe ein spannendes Buch oder lädt des Öfteren Freunde zu einer Spielrunde ein. So wie er sein Dasein genießt, ist er der Meinung, sein Hund ist ebenso rundum zufrieden. Leider ist das nicht der Fall. Nur mit seinem Hund Gassi zu gehen, ist für keinen Vierbeiner ausreichend, auch wenn es auf den ersten Blick so aussieht, als ob es ihm gut geht. Jedes Mal, wenn sein Besitzer nach der Leine greift, spielt sein Vierbeiner verrückt und kann es kaum erwarten, hinauszukommen. Im Park geht dem Hundehalter beim Anblick seines fröhlich umhertollenden Hundes das Herz auf. Zu Hause läuft sein Liebling zielstrebig in sein Körbchen, und sein Mensch nimmt ihn den Rest des Tages kaum noch wahr. Auffällig ist, dass das Tier erst wieder seine Lebensfreude zeigt, wenn der nächste Spaziergang ansteht. Der Grund für das ruhige, angenehme Verhalten daheim ist meistens nicht Wohlgefühl, sondern Langeweile und Unterforderung (siehe auch: **Artgerecht**). Denn in der Wohnung gibt es keine weitere Abwechslung, weshalb ihm nichts anderes übrig bleibt, als zu dösen und sich in Geduld zu üben. Auf Dauer frustriert dieser Tagesablauf einen Vierbeiner, er beginnt schwermütig zu werden und wirkt in sich gekehrt. Andere Hunde zeigen ihr Unbehagen durch häufiges Bellen oder andere unerwünschte Verhaltensweisen (siehe auch: **Unfug**).

Ein solcher Hund braucht dringend ein zusätzliches Beschäftigungsprogramm (siehe auch: **Apportieren**, **Suchspiele**).

Vierbeiner, die nach einem interessanten Spaziergang ausgeschlafen haben, benötigen auch in den eigenen vier Wänden eine sinnvolle Betätigung. Selbst Kleinigkeiten, wie einen Kong zu leeren, Leckerlis im Karton zu erschnüffeln oder ein Spiel mit seinem Menschen machen ihn glücklich. Wird der Hund körperlich und geistig ausgelastet, ist er vergnügt, und seine Schläfchen dienen der Entspannung und sind nicht Zeichen seiner Langeweile.

Die **Gefühle** des Menschen übertragen sich nicht auf den Hund

Ein Pärchen, das demnächst heiraten will, besitzt einen sieben Jahre alten Schäferhund-Mix. Dieser ist gut erzogen und hat ein ausgeglichenes Wesen. Die Braut ist den ganzen Tag zu Hause, und während der Hochzeitsvorbereitungen läuft sie singend und tanzend durch die Wohnung. Sie telefoniert viel und lacht dabei öfter als sonst. Sie strahlt pure Lebensfreude aus, und dies merkt auch ihr Vierbeiner. Er kommt häufiger als sonst schwanzwedelnd auf sie zu, fordert Streicheleinheiten ein und bringt den

Ball, den er seit Langem nicht mehr angeschaut hat. Die übermäßige Freude, Lockerheit und Entspanntheit des Frauchens überträgt sich auf den Hund. Jedes Gefühl des Menschen nimmt der Vierbeiner sensibel wahr. Und nicht nur das, sein Verhalten kann sich dauerhaft ins Positive wie auch ins Negative verändern.

Ein weiteres Beispiel: Eine unsichere Frau, die Angst vor großen Hunden hat, geht mit ihrem Hündchen Gassi. Immer wieder bleibt sie stehen, schaut sich nervös um, ohne ihren Liebling dabei aus den Augen zu lassen. Sieht sie große Vierbeiner, fängt ihr Herz an zu klopfen, und sie bleibt wie angewurzelt stehen, während sie überlegt, ob sie ausweichen, umkehren oder ihn auf den Arm nehmen soll (siehe auch: **Schutz**). Ihre Stimmung merkt ihr Hündchen und übernimmt diese nach kurzer Zeit. Nähert sich ein großer Hund, wird es auch hektisch und läuft kläffend zwischen dem fremden Artgenossen und seiner Besitzerin hin und her. Da diese jetzt noch mehr um ihren kleinen Vierbeiner fürchtet, steigert auch er sein aufgeregtes Verhalten. Wäre das Hündchen mit einem Zweibeiner unterwegs, der bei einer Begegnung mit einem großen Hund angstfrei bleibt, wäre der Kleine entspannter. Daher sollte jeder Besitzer versuchen, durch eine aufrechte Körperhaltung und ruhige Ausstrahlung seinem Tier zu signalisieren, dass alles in Ordnung ist und er die Situation im Griff hat.

Auch beim Hundetraining spielen unabhängig von äußeren Einflüssen die Gefühle des Besitzers eine große Rolle. Denn kommt der Halter mit seinem Hund gestresst zu einer Kursstunde, wird dieser auch nervös und unkonzentriert sein. Oder will das Herrchen nur mal schnell mit seinem Junghund spazieren gehen, ist aber in Gedanken schon bei dem nächsten Pflichttermin und schaut dauernd auf die Uhr, wird der Hund unruhig sein und vielleicht extrem an der Leine ziehen. Oft schnuppert er dann viel länger und findet erst spät ein geeignetes Plätzchen, um sein Geschäft zu erledigen. Dasselbe gilt natürlich auch, wenn der Besitzer wütend ist. Diese Gemütslage spürt sein Vierbeiner und bleibt lieber »unsichtbar«. In solch einem Fall ist es besser, erst dann Gassi zu gehen, wenn sich die Wogen geglättet haben.

Die meisten Hundebesitzer haben es schon immer gewusst, was Studien belegen: Hunde besitzen ein ausgeprägtes Einfühlungsvermögen. Vor allem, wenn Menschen traurig sind oder ein Kind sich mit den Eltern gestritten hat, kommt der treue Freund auf vier Pfoten von sich aus und leistet Beistand. Denn Hunde nehmen jede noch so kleine Stimmungslage wahr, und bevor der Mensch sich über seine eigenen Gefühle bewusst wird, wissen sie es bereits.

Gesund ist der Hund, wenn er eine feuchte und kalte Nase hat

Es ist nicht nachvollziehbar, warum sich dieser Irrtum so hartnäckig hält. Weder eine kalte und feuchte noch eine warme und trockene Nase geben Auskunft über den Gesundheitszustand eines Hundes! Würde allein die Nase darüber entscheiden, ob der Vierbeiner gesund oder krank ist, könnte sich der Hundebesitzer so manchen Gang zum Tierarzt ersparen. Er müsste dann beispielsweise nicht gleich zum Arzt, wenn sein Hund trotz heftiger Verdauungsstörungen eine feuchte und kalte Nase hat.

Doch dem ist nicht so. Verhält sich ein Hund anders als sonst, ist es erforderlich, dies in jedem Fall beim Tierarzt abklären zu lassen.

Ein Hundebesitzer sollte wissen, dass es normal ist, dass sein Liebling mal eine trockene, warme und mal eine feuchte, kalte Nase haben kann. Macht der Mensch zum Beispiel mit seinem Hund an einem Sommertag eine lange Autofahrt in die Berge, ist es oft sehr kurvenreich, und es muss immer wieder abgebremst werden. Dadurch ist es im Auto recht unruhig, was zur Folge hat, dass die Nase des Hundes warm ist und sogar anfängt zu tropfen. Dies bedeutet nicht, dass der Vierbeiner durch die Zugluft von einer Sekunde auf die andere krank geworden ist, sondern dass er angespannt ist oder schwitzt. Ebenso kann es vorkommen, dass die hündische Nase trocken und warm ist und sich der Vierbeiner trotzdem pudelwohl fühlt. Dies ist der Fall, wenn er lange geschlafen hat, weil er sich in dieser Zeit nicht mit der Zunge über die Nase lecken kann. Auch wird seine Nase im Winter durch die trockene Heizungsluft manchmal warm und trocken. Es ist völlig normal, dass sich die Befindlichkeit der Nase mehrmals am Tag ändert und somit kein Indikator für eine mögliche Krankheit ist.

Auch Hunde haben ein schlechtes **Gewissen**

Viele Hundebesitzer können aus dem Stegreif Geschichten über die Streiche ihrer Hunde erzählen. Gern beißen sie Löcher in Sofakissen oder zerfetzen die Zeitung. Doch am beliebtesten ist das Anknabbern von Schuhen. Erst werden sie weggeschleppt, und dann wird genussvoll darauf herumgekaut. Je weicher das Leder, umso beliebter ist der Schuh. Kommt dann der Besitzer nach Hause, entdeckt die Überreste seiner Lieblingsschuhe und sieht seinen unschuldig dreinblickenden Liebling, fährt er aus der Haut. Er beschimpft ihn wüst. Dieser schaut nun, egal welcher Rasse er angehört, wie ein begossener Pudel drein. Zusätzlich fuchtelt der Mensch noch mit dem Stein des Anstoßes vor der Hundenase herum. Und er hat anscheinend Erfolg damit. Der Vierbeiner sieht jetzt aus, als ob er ein schlechtes Gewissen bekommen hat. Er legt die Ohren an und setzt den berühmten Dackelblick auf. Sofort ist der Mensch besänftigt und sich sicher, dass sein Hund es sich merken und die Schuhe in Ruhe lassen wird. Doch da irrt der Halter, denn der Vierbeiner hat kein schlechtes Gewissen und wird sich weiterhin an seinen Schuhen bedienen. Oft liegt das Geschehene auch eine ganze Weile zurück, und der Hund kann keine Verbindung zwischen dem zerstörten Gegenstand und der Moralpredigt herstellen. Er verhält sich deshalb »reuig«, weil er die Körpersprache und den Gesichtsausdruck seines Menschen »liest« und merkt, dass etwas nicht stimmt, auch wenn er den Grund dafür nicht versteht. Darüber hinaus ist der Ton streng, und meist beugt sich der Mensch währenddessen über sein Tier. Damit er seinen Zweibeiner freundlich stimmen kann, beschwichtigt der Hund mit einer unterwürfigen Haltung, indem er sich klein macht, seinen Blick senkt, schwänzelt und sich über das Maul leckt (siehe auch: **Beschwichtigungssignale**). Schimpft der Besitzer öfter mit seinem Hund, weil der während seiner Abwesenheit etwas angestellt hat, wird ihn der Vierbeiner nach einer Weile nicht mehr wie gewohnt überschwänglich begrüßen, sondern sich, sobald er seinen Menschen hört, in sein Körbchen begeben. Der Besitzer glaubt, dass sein Liebling genau weiß, was er getan hat. Dem ist aber ganz und gar nicht so! Ein solches Verhalten interpretiert der Mensch nur als schlechtes Gewissen. Der Hund hat schlicht gelernt, dass, wenn er sich so benimmt, sein Halter besänftigt und zu ihm freundlicher ist.

Würde beispielsweise ein Mensch den Geburtstag der besten Freundin vergessen, hätte er ganz sicher ein schlechtes Gewissen. Nach so einer Blamage wird man dafür sorgen, dass so etwas nicht noch einmal geschieht. Schuldgefühle können Menschen dazu bringen, Konsequenzen zu ziehen. Das passiert beim Hund nicht. Es ist ihm nicht möglich, ein schlechtes Gewissen zu haben und zum Beispiel nie mehr einen Schuh anzuknabbern.

Große Hunde brauchen mehr Auslauf als kleine

Diese Behauptung hält sich hartnäckig. Hundebesitzer kleiner Rassen sind häufig der Meinung, weil ihr Vierbeiner kurze Beine hat, kann er nur eine kleine Strecke laufen.

Dem ist nicht immer so, genauso wenig braucht ein großer Hund in jedem Fall einen größeren Auslauf. Würden zwei lauffreudige Vierbeiner wie der kleine Sheltie und der große Weimaraner ein Wettrennen veranstalten, wäre nicht sicher, wer gewinnt. Denn der Kleine hat gute Chancen, der schnellere Hund zu sein. Allein Energie und Temperament sind ausschlaggebend, wie viel ein Hund leisten kann. Entscheidend für mehr oder weniger Auslauf sind die individuellen Eigenschaften und Bedürfnisse, jedoch keinesfalls die Größe.

Auf Reiterhöfen trifft man häufig auf den Wirbelwind Jack Russell, der aufgrund seiner Ausdauer ein beliebter Reitbegleithund ist. Kommen Reiter und Pferd nach dem Ausritt zurück zum Hof, freut sich das müde Tier auf seine Artgenossen auf der Koppel. Der Jack Russell dagegen ist topfit und begleitet seinen Menschen gern auf einem weiteren Ritt. Diese Rasse ist das beste Beispiel, dass die Länge eines Spaziergangs nichts mit der Größe des Hundes zu tun hat. Ein Berner Sennenhund würde nicht im Traum daran denken, sich körperlich derart zu verausgaben.

Sind zwei Hunde eher »Couch-Potatoes«, werden sie es von ihrem Naturell her lieben, gemütlich auf dem Sofa zu liegen. Diese Charaktereigenschaft trifft beispielsweise auf den Bernhardiner wie auch auf einen Pekinesen zu. Beide genießen kürzere, gemächliche Spaziergänge ohne großartige Aktivitäten. Ganz anders ein Dalmatiner oder ein Foxterrier, beide sind immer für eine Fahrradtour zu begeistern. Dabei lässt sich nicht vorhersagen, wer von den Hunden als erster eine Pause braucht – ganz gewiss wird der Besitzer sie vor ihnen nötig haben.

Vierbeiner brauchen je nach Kondition regelmäßigen Auslauf. Dies gilt allerdings noch nicht für Welpen und Junghunde. Bei ihnen sollte unabhängig davon beachtet werden, dass ungefähr eine halbe Stunde für sie ausreichend ist. Sie dürfen nicht überstrapaziert werden, was ihren Gelenken und ihrem Herz schaden könnte. Erst wenn sie ausgewachsen sind, brauchen sie die ihrem Wesen entsprechende Bewegung.

Große Hunde haben gegenüber kleinen automatisch das Sagen

Es gibt keinen Vierbeiner, der seinen Artgenossen anhand seiner Schulterhöhe einschätzt. Wäre dies der Fall, würde ein großer Hund jedem kleinen mitteilen: »Ich nehme dich nicht für voll!« Oder: »Wenn einer Respekt zeigen sollte, dann du, du kleiner Wicht.« Dies tritt jedoch nie ein, denn große Hunde haben gegenüber kleinen nicht automatisch das Sagen. Wer dem anderen überlegen ist und somit die Führung übernimmt, ist abhängig vom Alter, der Körpersprache, dem Charakter und dem Auftreten. Auf keinen Fall von der Größe, denn kein Vierbeiner ist sich seiner Körpergröße wirklich bewusst. Die Realität ist anders. Ein Dackel gräbt zum Beispiel voll konzentriert mitten auf einem Feld nach einer Maus. Neugierig nähert sich ein Husky, der auch gerne gräbt. Würde der große Hund immer das Sagen haben, müsste der Kleine sofort aufhören und dem Husky das Mäuseloch überlassen. Das aber würde einem Dackel niemals einfallen. Im Gegenteil, er wird es verteidigen, und dabei ist es ihm völlig egal, wie groß der Konkurrent ist. Er wird seinen Schwanz aufrichten und eventuell knurren, um zu signalisieren, dass der Große verschwinden soll. Der wird dessen Körpersprache akzeptieren und weiterlaufen. Es kann sogar vorkommen, dass sich ein unsicherer Königspudel vor einen selbstbewussten Chihuahua hinlegt und heftig schwänzelt. Auch in dieser Konstellation hat der viel kleinere Hund die Führung. Jedoch kommt ebenso häufig der umgekehrte Fall vor. Entscheidend ist, dass der Rangniedrige anerkennt, dass der andere Hund ranghöher ist und das Sagen hat.

H

Haustür auf – und der Hund darf vorauslaufen

»Warum soll mein Hund nicht als Erster aus der Haustür gehen, das spielt doch keine Rolle«, hört man viele Hundebesitzer verständnislos sagen. Der Mensch ist sogar froh, wenn sein Liebling die Möglichkeit hat, vor ihm draußen zu sein, weil er sich dann in Ruhe anziehen kann und der Vierbeiner nicht ungeduldig um ihn herumspringt. Bei seinen Kindern macht er das schließlich auch. Wollen sie zusammen ins Schwimmbad fahren, drängelt die Rasselbande. Damit es dem Menschen nicht zu hektisch wird und er in Ruhe die Badesachen einpacken kann, schickt er sie schon mal vor die Tür. Bei Kindern ist es natürlich egal, wer als Erster draußen ist. Beim Hund spielt dies jedoch eine große Rolle. Denn der Spaziergang beginnt für ihn bereits an der Haustür. Da der Anfang die gesamte Gassigehrunde prägt, sollte es ihm nicht gestattet werden, vorauszulaufen. Wäre er vor der Tür allein auf sich gestellt, würde er entscheiden, was wann für ihn interessant und beachtenswert ist. Beispielsweise begrüßt er die Nachbarn mit gut riechenden Einkaufstüten oder erschnüffelt, welche Hunde vor ihm ihre Runden gedreht haben. Geht er immer voraus, wird ab der Haustür sein Mensch zur Nebensache, dabei ist es unwichtig, ob der Vierbeiner an der Leine ist oder nicht. Geht sein Mensch dann mit ihm seine Runde, bestimmt der Hund den Weg. Möchte sein

Besitzer in eine andere Richtung gehen, folgt er verzögert. Mit der Zeit schleicht es sich ein, dass der Hund unangeleint immer weniger hört und dem Halter kaum noch Beachtung schenkt. Achtet der Mensch darauf, dass das Tier nach ihm durch die Haustür geht, muss sich der Vierbeiner viel mehr an ihm orientieren. Dadurch bleiben die Gedanken bei seinem Besitzer und sind nicht schon bei den Mäusen auf dem Feld.

Wie bringt man aber einem Hund bei, im Haus ruhig zu warten, bis der Mensch das Zeichen zum Gehen gibt? Kennt der Vierbeiner bereits das Kommando »Sitz! und Bleib!«, erleichtert es den Lernprozess. Man gibt ihm im Flur diesen Befehl, öffnet die Tür, geht hinaus und kommt sofort wieder zurück. Hat er brav gewartet, wird er gelobt. Beherrscht er »Sitz! und Bleib!« noch nicht, beginnt das Training etwas anders: Der Hund steht im Flur. Nun wird die Tür einen Spaltbreit geöffnet. Versucht er wie gewohnt hinauszukommen, muss die Tür vor seiner Nase geschlossen werden. Dies wird so oft wiederholt, bis der Hund sich hinsetzt und auch bei geöffneter Tür abwartet. Hat er dies getan, folgt ein ruhiges Lob. Der Ablauf sollte anfangs variiert werden. Mal bleibt der Mensch länger vor der Tür stehen, bis er wieder hineingeht. Beim nächsten Mal gibt er dem Vierbeiner das Zeichen, mit ihm hinauszugehen, und anschließend gehen beide wieder ins Haus zurück. Sitzt der Hund wieder, geht sein Mensch vor die Tür und ruft ihn zu sich. Ziel ist es, dass der Vierbeiner sich nicht mehr ausschließlich für das Geschehen vor der Haustür interessiert, sondern seinen Besitzer erwartungsvoll anschaut. Dieser Trainingsablauf unterstützt die Erziehung und fördert die Aufmerksamkeit des Hundes gegenüber seinem Menschen.

Herdenschutzhunde sind für jeden Hundeliebhaber geeignet

Herdenschutzhunde werden von ihrem Wesen her häufig mit Hütehunden verglichen, da beide bei ihren Herden leben. Der gravierende Unterschied ist, dass ein Hütehund seinem Menschen hilft, die Herde zusammenzuhalten, während der Herdenschutzhund allein seine Herde vor Wölfen, Bären, Luchsen oder anderen Feinden schützt. Als Schutzhunde sind sie nach Meinung von Hundeliebhabern ideal, um ihr Grundstück zu bewachen. Mit einem solchen Hund könne man auch beruhigt auf eine Alarmanlage verzichten.

Ein Hundebesitzer hatte einen Schäferhund, der ein guter Wachhund war und leider verstorben ist. Jetzt möchte sich der Mensch einen Herdenschutzhund anschaffen und entscheidet sich für den ungarischen Kuvasz. Durch sein dichtes, weißes Fell sieht er wie ein großer Teddybär aus, und die ganze Familie würde am liebsten stundenlang mit ihm schmusen. Ist so ein niedlicher Welpe bei seinem Menschen eingezogen, hat er dessen Herz im Sturm erobert. Denn wer würde nicht gerne einen kleinen Knut in Hundeformat besitzen? Da er seinen Schäferhund gut erzogen und dieser auf das Anwesen perfekt aufgepasst hatte, glaubt der Besitzer, dass es mit dem neuen Mitbewohner genauso werden wird. Er erliegt damit einem großen Irrtum! Denn Herdenschutzhunde sind schwer zu erziehen und nicht für jeden Hundeliebhaber geeignet. Ihrem Charakter nach sind sie mutig, selbstbewusst und entscheiden gern allein. Im Gegensatz dazu sind Schäferhunde lernbegierig und wollen die Befehle ihres Menschen befolgen.

Seinem Ursprung nach lebt der Herdenschutzhund draußen und ist immer bei seiner Herde. Doch wohnt er in einer Familie, sind es seine Menschen, die es zu schützen gilt. Dieser Hund möchte seine natürlichen Triebe ausleben, deshalb bedarf es einer enorm konsequenten Erziehung, wenn er in einer Familie lebt. Lässt man ihm zu oft seinen Willen, wird der Kuvasz bald der Chef sein. Dies fällt spätestens nach vier Jahren auf, wenn er erwachsen und reif ist. So fängt er vielleicht plötzlich auf dem Spaziergang an, sich quer vor fremde Leute zu stellen. Will er gestreichelt werden? Weit gefehlt! Er warnt die Passanten, seiner menschlichen Herde nicht zu nahe zu kommen. Aus seiner Sicht ist er immer im Recht, wenn er auf die Individualdistanz achtet und dies auch demonstriert. Würde der Fremde in einer solchen Situation versuchen, ihn zu streicheln oder nah an ihm vorbeigehen, kann es zu einem Angriff kommen. Mit seinem Gewicht wird er den Fremden umwerfen und eventuell sogar beißen. Ein solches Erlebnis wird den Besitzer garantiert schockieren, und er wird vielleicht seinem Hund gegenüber Unsicherheit zeigen. Ist das der Fall, wird der Herdenschutzhund ohne zu zögern ganz die Chefrolle übernehmen. Das kann so weit gehen, dass der Kuvasz bestimmt, ob er seinen Menschen aus dem Schlafzimmer lässt oder Besucher angreift.

Dass der eigene Vierbeiner das Sagen hat, kommt in vielen Mensch-Hund-Beziehungen vor. Mithilfe eines effektiven Trainings lassen sich die meisten Hunde wieder entthronen. Sie sind sogar froh darüber, dass ihnen das Zepter aus der Hand genommen wird und ihr Mensch die Führung übernimmt (siehe auch: **Rangfolge**).

Ein Herdenschutzhund wie der deutsch-schweizer Landseer, der türkische Kangal, der Maremmano aus den Abruzzen oder der französische Pyrenäen-Berghund ist anders. Gerade die Chefrolle ist ihm auf den Leib geschneidert. Er ist nicht nur ein talentierter Grundstückswächter, sondern beschützt auch die Umgebung, so weit sein Auge reicht. Allerdings sieht er den gewohnten Spazierweg auch als sein Territorium an und wird sich entsprechend verhalten.

Entscheidet sich ein Hundeliebhaber für eine solche Rasse, muss er sich vorab gut informieren. Ein Herdenschutzhund braucht absoluten Grundgehorsam. Er liebt lange, gemächliche Spaziergänge und außerdem geistige Beschäftigung. Niemals darf Gewalt angewendet oder Druck auf ihn ausgeübt werden. Da er sehr clever und intelligent ist, wird er sonst das typische Schutzverhalten zeigen. Der Hundebesitzer muss Verständnis für den Charakter dieser Tiere haben und seine Führungsqualitäten immer unter Beweis stellen. Es ist normal, dass sich diese Rasse erst einmal durch den Kopf gehen lässt, ob sie ein Kommando ausführt oder eben nicht. Vor allem in der Welpenzeit braucht ein Herdenschutzhund eine besonders abwechslungsreiche Prägung (siehe auch: **Präge- und Sozialisierungsphase**). Ebenso muss eine liebevolle, konsequente Erziehung auf der Basis von gegenseitigem Vertrauen bis ins hohe Alter durchgeführt werden.

Berücksichtigt eine Familie all diese Faktoren, wird sie einen treuen Freund auf vier Pfoten haben, der zu ihnen eine besondere Bindung hat und ein toller Begleiter ist.

Hinterherlaufen drückt pure Liebe zum Menschen aus

Jeder Hundeliebhaber genießt es, von seinem Hund bedingungslos geliebt zu werden. Denn der Vierbeiner schenkt ihm seine permanente Aufmerksamkeit und zeigt damit, dass sein Mensch für ihn das Wichtigste im Leben ist. Wer hätte nicht gern so jemanden an seiner Seite! Die Liebe zu seinem Besitzer stellt ein Hund jeden Tag erneut unter Beweis. Er verfolgt ihn nicht nur mit seinen Augen, sondern hängt wie eine Klette an ihm. Deshalb erträgt sein Liebling nicht einmal eine geschlossene Tür, denn diese Trennung bereitet ihm sofort Herzschmerzen. Das hat sein Mensch einmal ausprobiert – und seitdem nie wieder. Das Fiepen war unerträglich, und somit hat er keinen weiteren Versuch mehr unternommen.

Doch nach einiger Zeit wird die Anhänglichkeit des Hundes sehr anstrengend. Das Tragen eines Tabletts voller

Gläser endet in einem Scherbenhaufen, weil ihm sein Vierbeiner vor die Füße läuft. Ohne seinen hündischen Begleitschutz kann er außerdem nicht mehr duschen oder das stille Örtchen aufsuchen. Das Hinterherlaufen seines Lieblings, das – so ist er sich sicher – die pure Liebe zu ihm ausdrückt, wird ihm immer lästiger. Kein Wunder, denn mit einem Liebesbeweis hat diese Anhänglichkeit nichts zu tun. Hierbei handelt es sich meistens um ein untrügliches Anzeichen dafür, dass der Hund seinen Menschen kontrolliert oder Verlustangst zeigt, weil er sich außerhalb seines Blickfelds befindet. Würde man von seinem Partner dermaßen eingeengt, ja regelrecht bespitzelt werden, hätte die Beziehung auf Dauer sicher keinen Bestand. Klar, dass das mit purer Liebe nichts zu tun hat! Obwohl sich der Hund genauso verhält, fühlt sich der Besitzer von seinem aufdringlichen Verhalten geschmeichelt. Doch dies ist kein Liebesbeweis, sondern ebenfalls Kontrolle. Deshalb hätte der Hund noch einige Wünsche an seinen Menschen. So sollte er sich den ganzen Tag nicht von der Couch wegbewegen, weil der Vierbeiner die ganze Zeit angekuschelt liegen will. Erledigungen außer Haus ohne ihn wären tabu. Würde sein Mensch dies brav befolgen, könnte sein Liebling entspannt neben ihm schlafen und müsste ihn nicht mehr verfolgen. Doch diese Wünsche erfüllt der Besitzer ihm garantiert nicht. Denn der hat die Angewohnheit, die Wohnung zu putzen, Essen zu kochen, Wäsche zu waschen, einkaufen zu gehen oder gesellige Abende außer Haus zu verbringen. Das alles ist für den Hund kaum kontrollierbar. Deshalb wird er zu seinem Schatten. An ein ungestörtes Schläfchen ist überhaupt nicht zu denken, was ihn enorm stresst (siehe auch: **Stress**). Dabei spielt es keine Rolle, ob sie beide im oder außer Haus sind.

Egal was die Ursache für sein Verhalten ist, sein Besitzer sollte ihm das Hinterherlaufen unbedingt abgewöhnen, damit beide ein entspanntes, angenehmes Leben führen können. Um dies zu erreichen, wechselt der Hundehalter alle paar Sekunden die Räume und schließt dabei zügig die Tür hinter sich, damit sein Liebling ihn nicht verfolgen kann. Während des gesamten Trainings wird der Vierbeiner ignoriert (siehe auch: **Ignorieren**). Mit viel Durchhaltevermögen und täglichem Üben schafft er es, dass sein Hund ruhig liegen bleibt, auch wenn sein Mensch den Raum verlässt. Es ist dem Tier zu anstrengend geworden, das permanente Wechseln zu kontrollieren. Nun kann der Vierbeiner auf hündische Weise zeigen, wie sehr er seinen Zweibeiner wirklich liebt.

Hitze macht Hunden nichts aus, ihr Fell schützt sie

Es ist Sommer, und der Hundehalter fährt mit seinem Vierbeiner ins Grüne. Auf der Liegewiese gibt es jedoch keinen schattigen Platz mehr. Dem Menschen macht dies nichts aus, er schützt sich mit Sonnencreme. Der Hundebesitzer findet, dass sein Liebling genug Fell als Schutz hat und sich daher auch die Sonne auf den Pelz scheinen lassen kann. Nach einer Weile hechelt der Vierbeiner stark. Das kann sein Mensch gut verstehen, denn ihm ist genauso heiß. Also stellt er ihm einen Wassernapf hin. Doch das Trinken bringt nicht die ersehnte Abkühlung, sein Liebling wird unruhig und fängt an zu fiepen. Dies macht er nicht, weil er mit seinem Menschen spielen will, sondern weil ihm die Sonne zu viel wird. Auch sein Fell schützt ihn nicht vor der Hitze. Für eine kurze Zeit lieben es die meisten Vierbeiner, ihren Pelz aufzuwärmen. Doch danach verkriechen sie sich gern in den Schatten oder bevorzugen die kühlen Räume im Haus. Das tun sie vermehrt, wenn sie bereits älter sind oder ein schwarzes Fell haben. Selbst Tiere, die in südlichen Ländern leben, ziehen ein schattiges Plätzchen der stechenden Sonne vor.

Die Erklärung hierfür ist einfach: Hunde können nicht schwitzen wie der Mensch. Sie haben nur an den Pfoten Schweißdrüsen, und diese reichen nicht aus, um ein Sonnenanbeter zu werden. Um sich etwas Abkühlung zu ermöglichen, bleibt ihnen nur das Hecheln. Manche Halter wollen ihrem Liebling Linderung verschaffen, indem sie ihn scheren lassen. Dies ist nicht in jedem Fall sinnvoll, denn das Fell bietet nicht nur Schutz vor Kälte, sondern auch vor direkter Sonneneinstrahlung. Vierbeiner, die frisch geschoren wurden oder ein dünnes Fell haben, können sogar einen Sonnenbrand bekommen.

Eine andere und größere Gefahr für Hunde ist der Hitzschlag. An warmen Tagen wird das Auto mit dem Vierbeiner vorsorglich im Schatten geparkt. Doch die Sonne wandert, und im Nu kann es brütend heiß im Auto werden. Muss der Hund darin warten, weil sein Mensch länger fort ist, gerät er schnell in Lebensgefahr. Manche haben Glück und werden gerettet, weil aufmerksame Passanten rechtzeitig die Polizei alarmiert haben. Sicher lieben diese Besitzer ihren Vierbeiner. Doch unterschätzen sie oft, wie schnell das Auto zu einer Sauna wird. Man kann Halter nur immer wieder davor warnen, ihre Hunde an warmen Tagen allein im Auto oder in der prallen Sonne vor einem Geschäft länger warten zu lassen. Auch sollte der Hundebesitzer bei Hitze Spaziergänge in der Mittagszeit vermeiden. Der Mensch muss zudem bedenken, dass bei intensiver Sonneneinstrahlung der Teer extrem heiß wird. Daher sind lange Fahrradtouren auf solchen Straßen nicht ratsam. Einen Zwischenstopp bei einem Gewässer, in dem der Hund ein erfrischendes Bad nehmen kann, erfreut viele Vierbeiner. Ermöglicht man ihnen dies und gibt ihnen ebenfalls die Gelegenheit, im Schatten zu liegen oder auf einem kühlen Boden, werden die meisten Hunde, genauso wie ihre Menschen, die sonnigen, heißen Monate genießen.

Für einen Hundebesitzer ist es immer wieder ein Vergnügen, an einem schönen Tag mit seinem Hund durch die unberührte Natur zu laufen. So fahren sie im Auto in das nächste Naherholungsgebiet. Auf dem stark frequentierten Parkplatz angekommen öffnet der Mensch die Autotür, und sein Vierbeiner freut sich darauf, endlich loszuspurten. Nach einem ausführlichen Spaziergang nähern sie sich wieder dem Parkplatz. In gewohnter Weise ruft der Hundehalter rechtzeitig seinen Vierbeiner, um ihn anzuleinen. Doch auf einmal hört sein Hund nicht mehr. Anstatt zu kommen, schnüffelt er intensiv, als ob er soeben sein Talent im Trüffelsuchen entdeckt hätte. Der Mensch versucht es erneut. Zusätzlich stellt er ihm eine leckere Belohnung für das Kommen in Aussicht. Trotzdem macht dieser keinerlei Anstalten, zu folgen. Im Gegenteil, er rennt vergnügt hin und her. Dabei nähert er sich dem Parkplatz und damit auch der gefährlichen Straße. Da sein Mensch befürchtet, der Hund könnte den Autos zu nahe kommen, rennt er hinter ihm her, um ihn zu holen. Das ist grundfalsch, denn der Vierbeiner sieht darin eine Spielaufforderung und wird begeistert weiterlaufen. Bei genauerer Betrachtung wird es auch keinem Zweibeiner je gelingen, einen Vierbeiner einzuholen. Der Hundehalter erkennt das ebenso und bleibt wie angewurzelt stehen. Glücklicherweise stoppt sein Liebling ebenfalls. Nun traut sich der Mensch nicht mehr weiterzugehen, denn dann würde sein Hund sicherlich wieder loslaufen. Doch ewig stehen zu bleiben, führt ebenso wenig zum Ziel. So versucht er ihn mit energischen Worten zum Anhalten zu bewegen, während er sich langsam vorwärtsbewegt. Diese Taktik geht auch nicht auf. Jetzt ist guter Rat teuer.

Wie kann der Mensch das Katz-und-Maus-Spiel beenden? Erst einmal sollte man den Hund durch freundliches Rufen auf sich aufmerksam machen. Ebenso hilft es häufig, mit den Armen zu rudern und einen Hampelmann nachzuahmen. Das macht den Vierbeiner neugierig, denn so komisch verhält sich sein Mensch gewöhnlich nicht. Ist der Hund nicht zu weit weg, könnte man in die Hocke gehen, ihm den Rücken zeigen und so tun, als ob man etwas Spannendes gefunden hat. Effektiver ist es, das Spiel umzudrehen und von seinem Liebling wegzulaufen. Durch diesen Richtungswechsel vertauscht der Mensch mit seinem Hund keineswegs die Rollen im Jagdspiel, sondern signalisiert ihm, dass er geht. Damit liegt die Entscheidung beim Hund, ob er mitkommt oder nicht. Normalerweise zögern Hunde nicht lange, denn sie wollen keinesfalls allein in der Natur zurückbleiben. Deshalb rennen sie bereitwillig zu ihren Menschen und lassen sich anleinen.

Oft tritt auch der Fall ein, dass vor allem Besitzer junger Hunde reflexartig ihrem Vierbeiner nachlaufen, der eine interessante Spur verfolgt. Doch dadurch fühlen diese sich bestätigt und finden es toll, wenn sie von ihrem Menschen verfolgt werden, oder glauben, mit ihm Fangen spielen zu können. Genau wie beim erwachsenen Hund sollte man sich auch hier vom Junghund wegbewegen oder sich hinhocken. Unabhängig davon sollte der Besitzer beim täglichen Spaziergang immer wieder kommentarlos die Richtung wechseln. Dadurch lernt der Vierbeiner, von sich aus auf seinen Menschen zu achten. Macht der Hund allerdings keinerlei Anstalten zu kommen, sollte er angeleint bleiben, bis die Mensch-Hund-Beziehung gefestigt ist (siehe auch: **Beziehungen**).

Hundegeschirre sind immer angenehmer als Halsbänder

Kommt ein Vierbeiner ins Haus, stellt sich unter anderem die Frage, ob er ein Halsband oder ein Hundegeschirr bekommen soll. Da der Besitzer nur das Beste für seinen Hund anschaffen möchte, geht er in einen Zoofachhandel und lässt sich dort beraten. Der freundliche Verkäufer zählt die Vor- und Nachteile von beiden auf, mit dem Ergebnis, dass der Mensch hinterher genauso klug ist wie vorher. Denn ein Hundegeschirr ist nicht generell angenehmer als ein Halsband. Deshalb hat der Besitzer die Qual der Wahl und beschließt, beides mit nach Hause zu nehmen. Daheim durchstöbert er das Internet und findet dort glühende Verfechter des Hundegeschirrs, die behaupten, dass bei einem Halsband Halswirbelsäulenschäden und Kehlkopfprobleme entstehen können, wenn immer Spannung auf der Leine liegt und ruckartig gezogen wird. Zieht der Hund stark, führe kein Weg am Geschirr vorbei. »Das sind einleuchtende Argumente. Gut, dass ich auch ein Hundegeschirr genommen habe, denn mein Hund zieht extrem«, denkt der Mensch. So legt er es seinem Liebling gleich für den nächsten Spaziergang an. Zuerst über den Kopf, dann das Vorderbein durch das Loch, und zum Schluss schließt er es an der Seite. Zu guter Letzt befestigt er die Leine, und schon kann es losgehen. Der sonst übermütig ziehende Vierbeiner läuft auf einmal wie auf rohen Eiern und trottet neben seinem Menschen her. Er wird sich schon noch an das Geschirr gewöhnen, ist sich der Besitzer sicher. Doch nach ein paar Tagen kommt sein Liebling nicht mal mehr freudig zur Haustür, wenn sich sein Mensch zum Gassigehen bereitmacht. »War wohl doch keine so gute Idee«, ist nun sein Urteil.

Stimmt, denn es gibt Hunde, die kein Geschirr mögen und lieber ein Halsband tragen. Hat sich der Halter nur aufgrund des ständigen Ziehens für ein Geschirr entschieden, sollte er dies noch einmal überdenken. Denn unabhängig davon ist es wichtig, seinem Liebling das lockere Gehen an der Leine beizubringen (siehe auch: **Leinen, Leinenführigkeit**). Auch Hundegeschirre haben ihre Tücken, wenn die Vierbeiner wie Zugtiere an der Leine hängen. Ist die Leine immer unter Spannung, oder rennt der Hund oft in diese, kann sein Brustbein beziehungsweise sein Rücken in Mitleidenschaft gezogen werden. Das bedeutet, dass

Geschirre passgenau sitzen müssen – im Gegensatz zum Halsband, das eher locker sein sollte.

Auch haben Hundegeschirre Normgrößen. Hat der Vierbeiner einen sehr schmalen Brustkorb, wird es schwieriger sein, für ihn ein passendes Geschirr zu bekommen. Zieht man es ihm trotzdem an, können Druckstellen entstehen, oder es scheuert. Manche Hunde fühlen sich auch eingeengt, oder das Anlegen bereitet ihnen Unwohlsein.

Ist es jedoch nötig, dass sie ein Geschirr tragen, muss man es ihnen zuerst schmackhaft machen. Hat ein Besitzer einen Hund, der ausweicht, wenn man mit einem Geschirr nur in seine Nähe kommt, hilft es nicht, seinen Liebling verbal davon überzeugen zu wollen. Er wird es immer meiden. Hier eignet sich ein Training mit Leckerlis. Der Halter lässt seinen Hund »Sitz!« machen und legt einen Futterhappen auf die offene Hand. Dabei befindet sich das Kopfteil des Geschirrs zwischen seiner Hand und dem Vierbeiner. Jetzt braucht es Geduld, doch nach anfänglichem Zögern wird dieser vorsichtig den Kopf durchstecken und das Leckerli nehmen. Nach mehrmaligem Üben wird er lernen, es zu akzeptieren. Lässt er es sich problemlos über den Kopf streifen, kann man es ihm komplett anziehen. Anfangs sollte jedes Anlegen mit einer Futterbelohnung bestätigt werden.

Welpen, die meist mit einem Hundegeschirr umherlaufen, sollten aber auch lernen, ein Halsband zu akzeptieren.

Beim Halsband ist generell zu beachten: Je größer der Hund, desto breiter sollte es sein. Auch bei umhertollenden Welpen ist es besser, wenn sie ohne Brustgeschirr miteinander spielen, denn schnell bleibt eine Pfote hängen, und sie können sich verletzen.

Kein Hundebesitzer muss sich den Kopf darüber zerbrechen, was nun wirklich für den Hund passender ist. Sobald er sich normal bewegt und keinerlei Unwohlsein ausstrahlt, kann er sowohl mit einem Geschirr als auch mit einem Halsband glücklich sein.

Hundepensionen sind für jeden Charakter geeignet

Viele Menschen genießen es, ihren Urlaub in einem Hotel zu verbringen. Die Zimmer werden jeden Tag gereinigt, das Frühstücksbüfett lässt keinen Wunsch offen, und in dem großzügigen Wellnessbereich kann man die Seele baumeln lassen. Der Zweibeiner nimmt gern einen Tapetenwechsel vor, denn damit bringt er meist nur Angenehmes in Verbindung. Mit dieser Einstellung geben viele Hundebesitzer ihren Liebling in eigens für ihn eingerichtete Unterkünfte ab. Die Prospekte versprechen eine Wohlfühloase inklusive eingezäunter Spielwiese.

Viele Vierbeiner genießen es wirklich, sie sind gern unter ihresgleichen. Die Trennung von ihren Menschen macht ihnen wenig aus. Die Besitzer sind bei der Abholung glücklich, sie so ausgeglichen und fröhlich zurückzubekommen. Doch es gibt auch Hunde, die sehr sensibel sind und keine fremde Unterbringung mögen, egal wie kurz oder lang diese ist. Denn Hundepensionen sind nicht für jeden Charakter geeignet, vor allem nicht für Hunde, die eine extrem enge Bindung zu ihrem Menschen haben. Sie kennen es nicht, allein in einer fremden Umgebung zu sein, und haben häufig kein Interesse an unbekannten Artgenossen.

Anders als bei Kindern, die man auf einen Aufenthalt im Schullandheim seelisch und moralisch vorbereiten kann, ist das bei Hunden nicht möglich. Sie werden vor vollendete Tatsachen gestellt. Erst wenn der Vierbeiner wieder abgeholt wird, erfährt der Besitzer, dass dieser die ersten Tage nichts gefressen hat und nur zurückgezogen herumlag. In der ersten Zeit zu Hause zeigt das Tier dann Verlassensängste und verfolgt seinen Menschen auf Schritt und Tritt. Nie wieder, schwört der Zweibeiner, gebe ich meinen Liebling in eine Hundepension. Auch der Vierbeiner würde die Zeit am liebsten aus seinem Hundekalender streichen. Deshalb sollte man, wenn man solche sensiblen Charaktere unterbringen muss, nach einer Alternative suchen. Beispielsweise gibt es sympathische Hundeliebhaber, die sie für eine Zeit aufnehmen. Damit bleibt ihre gewohnte Alltagsstruktur erhalten, und sie werden sich besser umgewöhnen. Doch Gott sei Dank gibt es trotzdem viele Hunde, die gern in eine Hundepension gehen.

Wichtig sollte dem Besitzer sein, dass das Tier dort wirklich eine gute Zeit ohne ihn haben wird. Meistens sind Hundebesitzer von der Aufmachung des Hauses angenehm überrascht. Viele Hundepensionen oder Hotels werden nach menschlichen Maßstäben eingerichtet und weniger nach den hündischen Bedürfnissen. Der Mensch legt viel Wert auf Sauberkeit, dem Hund ist das egal. Selbst die Zimmer sind schön eingerichtet mit Couch oder Bett, Sessel, Kissen und Decken, denn es soll ihm an nichts fehlen. Doch der Vierbeiner braucht nicht den Luxus eines Einzelzimmers. Lieber ist er mit Artgenossen zusammen, und noch lieber lebt er mit Menschen, denn bei ihnen fühlt er sich am wohlsten. Das sollte jeder Halter bei der Wahl der Unterbringung bedenken.

Gerade Junghunde können oft den Aufenthalt in einer Pension unter Artgenossen kaum erwarten. Vor allem genießen sie den Urlaub von ihrer Erziehung, denn beim Herumtollen mit den anderen Hunden ertönt kein Pfiff, der das Spiel beendet. Hier können sie spielen, bis sie erschöpft sind. Ihre Menschen sollten sich nicht wundern, wenn ihr Vierbeiner dieses Urlaubsfeeling daheim weiter ausleben will. Hat der Besitzer beispielsweise einen quirligen, einjährigen Jack Russell, so wird er beim Gassigehen weiterhin sofort zu jedem Hund hinrennen, um mit ihm zu spielen. Der Halter wird den ansonsten folgsamen Vierbeiner jetzt vergeblich rufen. Verständlicherweise will dieser nun die Freiheiten, die er in der Pension genossen hat, zu Hause auch haben. An den Alltagstrott daheim muss er sich erst wieder gewöhnen, und es bleibt seinem Besitzer nichts anderes übrig, als ihm die Kommandos erneut beizubringen.

Hat man einen Hund, der gern in eine Hundepension geht, sollte man sich vorher genau informieren, was für Leistungen angeboten werden: von der Fellpflege über regelmäßiges Gassigehen und was der Vierbeiner individuell braucht. Ebenfalls ist es wichtig, dass der Hundebesitzer den Pensionsinhaber sympathisch findet und dass auch der Hund ihn gut leiden mag. Wenn möglich, sollte man sich mehrere Häuser anschauen, um den optimalen Aufenthaltsort zu finden. Hat man sich entschieden, ist es sicher von Vorteil, wenn man seinen Hund vorab ein paar Stunden zur Eingewöhnung abgeben kann. Mittlerweile gibt es viele Häuser, bei denen die Tiere mit in der Familie leben. Ebenfalls sollte dem Hund sein gewohntes Futter mitgegeben werden sowie das Spielzeug und ein Kleidungsstück, das den Geruch seines Besitzers trägt. Nach solch einer guten Vorbereitung kann der Vierbeiner auch einmal ohne seinen Zweibeiner Urlaub machen.

Hundepfeifen können ohne Training sofort eingesetzt werden

Die Welpenzeit ist vorbei, und der Hundebesitzer ist ganz stolz darauf, dass sein tapsiger Junghund so gut gehorcht. Als er eines schönen Tages wieder mit seinem Vierbeiner einen Spaziergang durch die Felder macht, beginnt dieser plötzlich loszurennen. Sein Mensch ruft mehrmals vergeblich. Sein Liebling hält es nicht mal für nötig, kurz innezuhalten, sondern verschwindet in einem Gebüsch. »Warum hört er nicht mehr?«, denkt sich sein Mensch. So wartet er eine ganze Weile, bis der Vierbeiner außer Atem wieder zu ihm zurückkommt. Der Halter nimmt ihn sogleich an die Leine, denn er traut ihm nicht mehr. Zu Hause berichtet er der Familie von dem Malheur. Einstimmig wird beschlossen, eine Hundepfeife muss her. Denn sie sind sich sicher, dass er nicht mehr gehört hat, weil er zu weit weg war. Der Mensch ist Feuer und Flamme und beschließt, sie sofort einzusetzen. Also pfeift er und tatsächlich, sein Liebling kommt neugierig angelaufen. »Super! Es funktioniert«, freut sich der Halter. Auf dem nächsten Spaziergang fühlt er sich wieder sicher und leint seinen Vierbeiner frohen Mutes ab. Ja, er wartet sogar darauf, dass sein Hund losspurtet, um die Pfeife benutzen zu können. Lange muss er sich nicht in Geduld üben. Es vergeht kaum eine Minute, da rennt sein Liebling los und genießt seine Freiheit. Sein Mensch bleibt cool und pfeift. Er ist sich sicher, sein Hund kommt wie ein geölter Blitz zu ihm zurück. Doch die Realität sieht anders aus. Der Vierbeiner schaut kurz hoch und rennt einfach weiter. Woher soll der Hund auch wissen, welche Bedeutung das Pfeifen hat?

Als die ersten Handys auf den Markt kamen, konnte man oft beobachten, wie Leute sich etwa im Restaurant erstaunt umsahen, wenn es plötzlich klingelte. Für einen Nichthandybesitzer hatten sie überhaupt keine Bedeutung. So ähnlich ergeht es auch dem Hund. Hört er zum ersten Mal den Pfiff, macht dieser ihn neugierig. Aber er fühlt sich nicht angesprochen, und sein Interesse flaut gleich wieder ab.

Doch wie trainiert man einen Hund, verlässlich auf Pfiff zu kommen? Am einfachsten gelingt es, wenn zwei Personen mit einer Pfeife ausgestattet sind und sich zu Hause in einem größeren Abstand voneinander befinden. Jeder sollte einige Leckerlis zur Unterstützung der Übung parat haben (siehe auch: **Futterbelohnungen**). Es fängt derjenige an, bei dem der Vierbeiner nicht steht. Er ruft ihn zum Beispiel mit »Komm!« oder »Hierher!«. Erst wenn der Hund da ist – es ist egal, ob er sitzt oder steht – pfeift sein Mensch und gibt ihm anschließend ein Leckerli. In der Übungsphase sollte die gleiche Reihenfolge eingehalten werden. Hunden macht das Üben viel Spaß. So flitzen sie begeistert und zuverlässig hin und her und verknüpfen, dass das Pfeifen ein Leckerli bei ihren Besitzern ankündigt.

Anders funktioniert das Üben, wenn man allein ist. In diesem Fall sollte der Hund zuerst auf die Pfeife konditioniert werden, indem sich der Mensch den pawlowschen Reflex zunutze macht. Sein Vierbeiner steht vor ihm, Leckerlis liegen auf dem Tisch. Er pfeift einmal und gibt seinem Liebling sofort Futter, ohne dass dieser dafür etwas tun muss. Dies wiederholt er immer wieder, und der Hund wird lernen, dass es aufgrund des Pfiffs bei seinem Menschen etwas zu fressen gibt. Auch bietet es sich an, das Üben zu variieren, indem man den Hund »Sitz und Bleib!« machen lässt und sich ein paar Schritte von ihm entfernt. Anschließend gibt man ihm das Kommando zu kommen. Ist er da, wird gepfiffen und danach folgt die Belohnung. Übt man dies eine Zeit lang, kann das verbale Rufen weggelassen werden.

Egal, ob zu zweit oder alleine geübt wurde, draußen wird das Training schwieriger, weil sich der Hund durch die Umweltreize leichter ablenken lässt. Dadurch ist es notwendig, dieselbe Übung mit der Schleppleine fortzusetzen. Solange die Leine noch durchhängt, sollte der Mensch einmal pfeifen. Dreht sich sein Liebling daraufhin um und kommt, wird er mit einer Futterbelohnung gelobt. Meint der Hund allerdings, dass es gerade viel zu gut nach Mäusen riecht, zieht man ihn nach dem Pfiff sanft mit der Leine heran und bestätigt ihn verbal. Es sollte auf keinen Fall öfter hintereinander gepfiffen werden, bis er bei seinem Menschen ist, denn dann nutzt sich das Signal schnell ab, und er lernt es zu überhören. Ist das Training erfolgreich abgeschlossen, kann der Vierbeiner selbstverständlich abgeleint werden und wird zuverlässig auf dem Pfiff hin zu seinem Besitzer laufen.

Eine **Hundeschule** besucht der Mensch, damit der Hund etwas lernt

Ein Hundebesitzer ist stolz auf seinen ersten Hund, eine wuschelige Bobtail-Hündin. Sie ist mittlerweile acht Monate alt und hat sich prächtig entwickelt. Nur das mit dem Befehl »Sitz! und Bleib!« will nicht so recht klappen. Sobald ihr Mensch das Kommando nennt, setzt sie sich zwar hin, steht dann aber gleich wieder auf und läuft schwänzelnd auf ihn zu. Außerdem fällt es ihrem Menschen immer mehr auf, dass sie in der letzten Zeit nicht mehr zuverlässig hört. Daher entschließt sich ihr Besitzer, eine Hundeschule aufzusuchen. Am liebsten wäre es ihm, er könnte seinen Liebling für die Kursstunde dort abgeben und danach wieder abholen, wie wenn man sein Kind zum Fußballtraining bringt und es anschließend wieder heimfährt. Denn der Mensch ist davon überzeugt, dass man eine Hundeschule deshalb besucht, damit der Hund etwas lernt. Das ist falsch! In einem Kurs lernt an erster Stelle der Mensch, wie er mit seinem Vierbeiner artgerecht umgeht, damit dieser gut hört und keine Unarten entwickelt (siehe auch: **Artgerecht, Unfug**). Würde man seinen Liebling fragen, ob er eine Schule bräuchte, wäre die Antwort garantiert: Nein! Er hätte mit Sicherheit nichts dagegen, weiterhin seine Freiheiten zu genießen. Nichtsdestotrotz meldet sich der Mensch mit seiner Hündin in der Hundeschule an und vergisst auch nicht, zur ersten Stunde das Lieblingsspielzeug und ausreichend Leckerlis mitzunehmen. Erst einmal ist er überrascht davon, dass es dort ganz anders zugeht, als er gedacht hatte. Der Trainer nimmt sich Zeit für ein Gespräch mit ihm und beobachtet währenddessen auch seinen Hund. Der Bobtail-Besitzer erzählt ihm im Brustton der Überzeugung, dass seine Hündin bereits viel kann, nur bei »Sitz! und Bleib!« würde sie ihm sofort nachlaufen. Der Trainer bittet darum, ihm das einmal zu demonstrieren. Der Halter gibt das Kommando, und brav setzt sich die Bobtail-Hündin hin. Doch als er seinen Vierbeiner ableint und weggeht, steht dieser auf und läuft sogleich zu den Artgenossen. Sein Mensch ruft, doch die Hündin interessiert sich nicht mehr für ihn. Selbst das besondere Leckerli und das zusätzliche Hinhocken des Besitzers bringen keinen Erfolg. Der Kursleiter stellt schnell fest, dass die Bobtail-Hündin nicht so recht weiß, was ihr Mensch von ihr will, und der Grundgehorsam nicht ausreichend geübt wurde.

Nach dieser Blamage ist der Halter froh, im Kurs zu sein. Er bekommt die richtige Anleitung, wie er die Übungen durchführen soll, und zusätzlich wird ihm erklärt, wie er seinem Liebling am effektivsten die nötigen Kommandos beibringen kann. Bald schon stellen sich die ersten Erfolge ein. Die Hündin ist aufmerksamer geworden, bleibt länger sitzen und auch liegen. Dem Halter fällt auf, wie sich durch abwechslungsreiche Beschäftigungsspiele die Beziehung zu seiner Hündin stärkt (siehe auch: **Apportieren**, **Reizangel**, **Suchspiele**). Er ist von seinem gelehrigen Bobtail ganz begeistert. So fährt er nach jeder Stunde motiviert nach Hause und übt regelmäßig weiter. Es trägt Früchte, denn jede Woche kann er dem Trainer Fortschritte zeigen. Außerdem merkt er, dass er ohne die wöchentlichen Kursstunden viel weniger üben würde, denn ihn hat der Ehrgeiz gepackt und er will, beweisen, wie gut seine Hündin begreift.

Jeder Hund ist darauf angewiesen, dass sein Mensch ihm verständlich mitteilt, was er von ihm erwartet. Er braucht die Anleitung durch seinen Besitzer, damit sie beide ein eingespieltes Team werden und viel Freude miteinander haben. Ebenfalls hat der Halter in einer Hundeschule die Möglichkeit, Fragen zu stellen, der Trainer kann Übungsfehler rechtzeitig korrigieren und zahlreiche weitere Tipps geben, die nicht in jedem Hundesachbuch stehen. Das Gelernte kann so zum bleibenden Erfolg führen. Auch die anderen vierbeinigen Teilnehmer sind eine gute Ablenkung, damit das Gelernte nicht nur in trauter Zweisamkeit funktioniert.

Hundehaltern kann man den Besuch einer Hundeschule daher nur empfehlen.

Allerdings sollten sie einige Faktoren bei der Auswahl beachten. Es ist von Vorteil, sich mehrere Hundeschulen anzuschauen, denn jede hat eine andere Arbeitsweise. Auch erklärt nicht jeder Trainer verständlich oder ist einem sympathisch, sodass man gern jede Woche dort hingehen möchte. Ebenfalls sollte sich der Vierbeiner wohlfühlen. Denn ein Hund, der sich duckt oder zurückweicht, weil er den Ausbilder oder die Artgenossen nicht mag, wird nicht effektiv lernen können. Die ausgewählte Schule sollte mit positiver Verstärkung arbeiten. Ebenso ist es wichtig, dass der Leiter trotz Gruppenstunde individuell auf jeden Halter und Hund eingeht. Daher sollte die Teilnehmeranzahl auf sechs bis acht Hunde beschränkt sein. Selbstverständlich sollten auch andere Familienmitglieder an den Kursstunden teilnehmen können. Die meisten Schulen bieten kostenlose Schnupperstunden an, damit man sich vorab ein Bild von der Gruppe machen kann. Dies sollte ein Hundebesitzer auf jeden Fall wahrnehmen, um für sich und seinen Liebling den optimalen Kurs zu finden.

Hundesport ist nur etwas für spezielle Rassen

Ein Hundebesitzer sitzt abends gemütlich mit seinem Chihuahua-Mix auf dem Sofa. Beide sehen sich interessiert im Fernsehen einen Beitrag über den beliebten Hundesport Agility – das Bewältigen einer Hindernisstrecke – an. Die Bilder und der Kommentar versprechen eine wunderbare Möglichkeit, den Alltag mit dem Vierbeiner abwechslungsreicher zu gestalten. Spannend findet der Besitzer vor allem, wie gut die Teamarbeit zwischen Mensch und Hund funktioniert. Auch werden in dem TV-Beitrag verschiedene Hundehalter interviewt, die alle voller Freude erzählen, wie glücklich sich ihre Vierbeiner dabei fühlen und dass diese seitdem wesentlich ausgeglichener und zufriedener sind. Den krönenden Abschluss der Reportage bildet das rasante Durchlaufen des Parcours. In diesem Agility-Training gibt der Mensch durch Führungshilfen eine bestimmte Reihenfolge vor, und sein Liebling demonstriert voller Begeisterung sein Können. Auch der Besitzer des Chihuahua-Mix ist davon sehr angetan. Doch er glaubt, dass dafür nur die typischen Sportskanonen geeignet sind, wie der Border Collie, der belgische Schäferhund oder der Sheltie. Das ist allerdings nicht der Fall! Hundesport ist keinesfalls auf spezielle Rassen und Körpergrößen beschränkt, sondern jeder Hund, der körperlich fit ist und gut folgt, kann beispielsweise Agility erlernen.

Von einer anderen Hundebesitzerin erfährt das Chihuahua-Mix-Herrchen, dass diese schon lange mit ihrer mittelgroßen spanischen Mischlingshündin erfolgreich Agility betreibt. Außerdem erzählt sie, dass auch kleine Hunde in ihrer Gruppe sind. Sobald diese die Hindernisse auf dem Hundeplatz sehen, würden sie genauso wie ihre großen Artgenossen aufgeregt fiepen und könnten es kaum erwarten, die Hürden zu nehmen. So fährt der Hundebesitzer auf den Sportplatz und hofft, dass ihn seine Hündin nicht blamiert. Überrascht stellt er fest, das Gegenteil ist der Fall! Er braucht sie nur ein einziges Mal durch den Tunnel zu locken, und schon beim nächsten Mal geht sie freiwillig hindurch. Vor einer Hürde bleibt sie kurz stehen. Er hätte voller Überzeugung gewettet, dass sie unter ihr durchläuft. Doch erstaunlicherweise hüpft die Kleine in einem Satz hinüber. Der Hundebesitzer ist begeistert, wie schnell sie das begriffen hat und keinerlei Angst zeigt. Er hätte nicht geglaubt, dass sie so konzentriert und ausdauernd sein kann. Ein wahres Naturtalent! Er bucht den Kurs, und nach ein paar Wochen entwickelt sich sein gelehriger Chihuahua-Mix sogar zum Streber der Gruppe und meistert den Parcours mit Bravour. Wie ein Profi, als ob sie noch nie etwas anderes gemacht hätte, läuft seine Hündin stolz erhobenen Hauptes über die Wippe, springt durch einen Reifen und schlängelt sich elegant durch die Slalomstangen. Da kann man nur sagen: »Klein, aber oho!«

Finden Hundebesitzer Gefallen am Hundesport, sollten sie ihn in jedem Fall mit ihrem Vierbeiner ausprobieren. Denn es kommt nicht auf die Rasse oder Größe an, sondern welche Fähigkeiten ein Hund mitbringt. Selbstverständlich muss er gesund sein und braucht den nötigen Grundgehorsam. Egal, ob dem Hund und seinem Menschen Agility, Frisbee, Dogdancing oder auch die ruhigeren Sportarten wie Obedience (Gehorsamstraining) oder Mantrailing Spaß machen – in jedem Fall ist es eine tolle Abwechslung, die Zwei- und Vierbeiner fit hält.

Hütehunde sind ideale Familienhunde

Hütehunde wie Border Collie, Australian Cattle Dog, Briard, Sheltie oder der Australian Shepherd sind sehr beliebt. Da sie in Deutschland kaum noch als Hütehunde eingesetzt werden, leben sie immer öfter in Familien. Das ist nicht unproblematisch und nur dann zu empfehlen, wenn das nötige Verständnis und viel Einfühlungsvermögen für diese Rassen aufgebracht werden können (siehe auch: **Rassen**).

Ein Hütehund ist nicht immer ein idealer Familienhund. Sehr oft wird er als solcher beschrieben, weil er stets freundlich dreinschaut und den Eindruck macht, seinem Menschen gefallen und ihm dienen zu wollen. Sicherlich war auch der Film *Ein Schweinchen namens Babe* nicht ganz unschuldig daran, dass die wunderbaren intelligenten Border Collies in Mode gekommen sind (siehe auch: **Intelligente Hunde**). Doch im Film wurde auch gezeigt, dass es Hütehunde sind, deren Aufgabe es ist, auf Anweisung ihres Menschen eine Schafsherde zu treiben und zusammenzuhalten. Es sind reine Arbeitstiere, deren Veranlagung zum Hüten auch als Familienhund sehr präsent ist.

So ist es auch bei einem zweijährigen Australian Shepherd, der in einer Familie mit drei Kindern lebt. Der Vierbeiner ist temperamentvoll, läuft gut am Fahrrad mit und kann schon einige Grundkommandos. Jeden Morgen radelt der Vater mit ihm, und am späten Nachmittag geht die Mutter mit ihm Gassi. Ansonsten ist er sich selbst überlassen und damit nicht ausreichend geistig gefordert. Deshalb hat er sich angewöhnt, die Kinder immer im Blick zu behalten. Vor allem das Nesthäkchen der Familie ist sehr spannend für ihn, denn es hat seine Vorliebe fürs Dreiradfahren entdeckt. Es dreht auf dem Hof Runde um Runde, was der Hund mit großem Interesse verfolgt. Immer wieder kreist er das Mädchen ein, läuft in geduckter Haltung umher und fixiert es. Außerdem versucht er es zu stoppen, wenn es zu weit fährt, indem er von hinten das Dreirad anstupst. Kommen Schul- oder Kindergartenfreunde zu Besuch, versucht er sich zwischen die fremden und die Kinder der Familie zu stellen. Und schließlich passiert es: Er zwickt eines der größeren Kinder in die Wade. Die Eltern sind verzweifelt. Ihr sonst so lieber Hund wird sich hoffentlich nicht zu einem Beißer entwickeln. Nein, das muss nicht sein. Er hat das für ihn typische angeborene Hüte- und Bewachungsverhalten gezeigt. Da der Hütehund auf keine Viehherde aufpassen kann, hütet er die Kinder. So kann es geschehen, dass er sie kneift, wenn sie ihm nicht folgen wollen. Ebenso würde er sich bei Schafen verhalten; sobald sie aus der Reihe tanzen, werden sie in den Hinterlauf gezwickt.

Damit es nicht zu einer Verhaltensauffälligkeit kommt, braucht der Hütehund neben seinem täglichen Auslauf unbedingt weitere Beschäftigung, die seiner Veranlagung entspricht (siehe auch: **Artgerecht**). Das kann das Bringen von Gegenständen sein, Longieren oder Elemente aus dem Dogdancing (siehe auch: **Apportieren**). Auch freut es ihn, wenn sein Besitzer mit ihm zum Hundesport geht (siehe auch: **Hundesport**). Wichtig ist, einem Hütehund Abwechslung zu bieten, ohne dass dieser sich zu sehr hineinsteigert, indem ruhige Übungssequenzen eingebaut werden. Dem Rechnung zu tragen, kann für Familien zu einem Zeitproblem werden. Wer es dennoch schafft, der Herausforderung eines Hütehundes gerecht zu werden, hat einen treuen Vierbeiner, der auch ohne Herde glücklich ist.

Hyperaktivität gibt es bei Hunden nicht

Ein junges Ehepaar hat eine zwei Jahre alte Labrador-Hündin. Ab und zu gehen sie mit ihr zum Hundesport. Doch im Gegensatz zu ihren gleichaltrigen Artgenossen ist sie auffallend unruhig. Sieht sie die Geräte und muss noch warten, fängt sie an zu graben oder kläfft.

Auch zu Hause ist dies nicht viel anders. Die Gassigehrunden sind immer ein Krafttraining für ihre Besitzer. Bis sie abgeleint werden kann, zieht sie jedes Mal extrem. Läuft sie frei herum, dauert es lange, bis sie kommt. Daheim angekommen sinken ihre Halter völlig erschöpft in den nächsten Sessel. Doch ihre Labrador-Hündin bleibt weiterhin aktiv. Um sie müde zu machen, werfen sie ihr im Garten ausdauernd einen Ball zu und veranstalten mit ihr Zerrspiele (siehe auch: **Zerrspiele**). Oft dreht sie dann erst richtig auf, und es kommt schon mal vor, dass sie zum Missfallen ihrer Besitzer den Jackenärmel mit dem Spielzeug verwechselt. Meistens hilft nur ein Kauknochen, damit sie sich beruhigt. Als ihre Menschen gerade ein Erholungsschläfchen beginnen wollen, klingelt es an der Tür. Sofort stürmt die Hündin in den Flur, und das Theater geht von vorn los. Sie springt am Überraschungsbesuch hoch, bellt, rennt ins Wohnzimmer, dann wieder zur Haustür, und zu guter Letzt holt sie noch ihr Spielzeug. »Ihr habt aber einen stürmischen Hund!«, meint der Gast etwas genervt. Wie oft haben ihre Besitzer dies schon gehört. Sie haben bereits viel Zeit in Übungen investiert, aber nach ein paar Minuten ist jegliche Konzentration bei ihrem

Vierbeiner weg und er ist mit nichts mehr bei der Stange zu halten. Der Labrador bleibt weiterhin das Gesprächsthema. Damit ein bisschen Ruhe während des Besuchs einkehrt, wird die Hündin an die kurze Leine genommen und bekommt einen gefüllten Kong, damit sie nichts mehr anstellen kann. Viele Hundebesitzer glauben, dass Vierbeiner nicht hyperaktiv sein können. Doch das ist falsch! Es gibt sie durchaus, und die Labrador-Hündin zeigt ein solch typisches Verhalten.

Hyperaktive Hunde sind um einiges aktiver als Artgenossen ihres Alters oder ihrer Rasse. Auch ein schlecht erzogener Hund kann seine Menschen auf Trab halten. Dies macht er, weil sein Besitzer ihm zu viel durchgehen lässt. Der Hyperaktive hingegen kann nichts dagegen tun und fühlt sich dabei selber unwohl. Er steht unter Stress und hechelt viel. Besitzer solcher Vierbeiner nehmen die Wildheit meist hin und gehen davon aus, dass es sich im Alter von allein bessern wird.

Die Halter der Labrador-Hündin glauben daran allerdings nicht mehr und vereinbaren einen Termin bei einem erfahrenen Tierpsychologen, der zu ihnen ins Haus kommt (siehe auch: **Tierpsychologen**). Hyperaktivität kann auf verschiedenen Ursachen beruhen. Sie kann physiologisch und genetisch bedingt sein und auch auf die Aufzucht beziehungsweise Haltung zurückgeführt werden. Wachsen Welpen beispielsweise in einer unruhigen Umgebung auf, erleben sie bereits eine Reizüberflutung. Gehen sie mit ihrem neuen Besitzer zu lange und immer wieder neue Wege, nehmen sie zu viele Eindrücke auf, ohne sie verarbeiten zu können. Dies lässt sie hyperaktiv werden, und ihr Stresspegel erhöht sich (siehe auch: **Stress**). Auch zu strenge Erziehungsmaßnahmen können dazu führen, dass der Hund sehr aufgeregt ist, in ihm Spannungen entstehen und er sich daher immer wieder neue Ventile sucht, um den angestauten Stress abzubauen.

Es gibt Fälle, in denen die Ernährung eine ausschlaggebende Rolle spielt. Unverträglichkeiten oder Allergien können durchaus Auslöser für eine Hyperaktivität sein (siehe auch: **Ernährung**). Doch keine Sorge, auch ein solch extremes Verhalten lässt sich in den Griff bekommen. Als ersten Schritt sollten diese Hunde wenig Reizen ausgesetzt werden, da diese sie überanstrengen und sie die unwichtigen nicht mehr von den wichtigen Eindrücken unterscheiden können. Jede Information hat für sie einen hohen Stellenwert, was eine dauerhafte Überforderung darstellt.

Anfangs sollte ein fester Tagesablauf eingehalten werden, indem immer zur selben Zeit dieselben kurzen Runden gegangen werden. Besitzer sollten versuchen, ihrem Vierbeiner gegenüber Ruhe auszustrahlen. So wird sein Stresspegel abnehmen, er entspannt sich schneller, und die Reizempfindlichkeit lässt nach. Alles, was ihn extrem auspowert, wie Agility und langes Ballspielen, ist erst einmal tabu.

Oft ist es wichtig, die Mensch-Hund-Beziehung zu vertiefen, damit sich der Hund mehr am Besitzer orientiert und dadurch Sicherheit bekommt. Dazu eignen sich Grundgehorsamsübungen, die in Ruhe und in immer derselben Abfolge trainiert werden. Ebenfalls ist es hilfreich, wenige, aber feste Regeln einzuführen. So muss ein Hund beispielsweise vor seinem Futternapf warten, bevor er auf einen Befehl hin fressen darf. Außerdem sollte er nicht mehr als Erster durch die Tür stürmen dürfen (siehe auch: **Haustür**). Anfangs ist es sehr wichtig, Situationen zu meiden, in denen das Tier bereits unruhiges Verhalten gezeigt hat. Auf keinen Fall darf man Druck auf einen hyperaktiven Vierbeiner ausüben und ihn zu etwas zwingen. Es dürfen nicht zu viele Kommandos auf einmal eingeübt werden, denn diese sind ebenfalls Reize für den Hund. Werden die Übungseinheiten kurz und in einem ruhigen Ton gehalten, wird sich sicher bald Erfolg einstellen (siehe auch: **Kommandos**). Viele anscheinend zu übermütige Hunde können zu ruhigen, ausgeglichenen Vierbeinern werden, wenn ihr Problem richtig erkannt und dementsprechend mit ihnen gearbeitet wird.

I

Ignorieren hilft bei der Erziehung überhaupt nicht

Eine junge Frau hat ihr Studium beendet und einen tollen Arbeitsplatz gefunden, bei dem Hunde erlaubt sind. So kann sie sich ihren Traum erfüllen und wird Besitzerin eines niedlichen schneeweißen Goldendoodle (Golden-Retriever-Königspudel-Mix). Der vier Monate alte Rüde hat es jedoch faustdick hinter den Ohren. Sobald sich sein Frauchen an den Schreibtisch setzt und intensiv zu arbeiten beginnt, fängt er penetrant an zu bellen oder zwickt spielerisch auch schon mal in ihr Hosenbein. Sie schubst ihn daraufhin immer wieder weg, stampft wütend mit dem Bein auf und sagt ihm eindringlich, dass er jetzt endlich damit aufhören soll (siehe auch: **Kommandos**). Da dies nichts bewirkt, hofft sein Frauchen, dass er mit zunehmendem Alter vernünftiger wird. Ihrer Meinung nach hat sie bereits alles ausprobiert, um ihn zur Räson zu bringen. Doch es gibt noch eine wirkungsvolle Methode: das Ignorieren! Viele Hundehalter unterschätzen es und können sich nicht vorstellen, welche Veränderung das Ignorieren beim Hund bewirkt. Gerade bei fordernden Verhaltensweisen, wie sie der Goldendoodle zeigt, hilft es enorm. Denn Ansprechen, Anfassen oder Anschauen sind eine Form der Aufmerksamkeit, die das Verhalten eines Vierbeiners bestätigen und verstärken.

Gerade Hunde untereinander verstehen sehr gut, wenn

sie ignoriert werden. Möchte ein Welpe mit seiner Mutter, die ihre Ruhe haben will, spielen, kann man gut beobachten, wie sie souverän liegen bleibt, kaum auf ihn reagiert, ihren Kopf wegdreht oder sogar entspannt weggeht.

Springt ein Hund Menschen an, bettelt oder zeigt andere fordernde Verhaltensweisen, ist es äußerst effizient, ihn so lange nicht zu beachten, bis er das negative Benehmen einstellt. Man wendet ihm den Rücken zu und lässt keinerlei Blickkontakt entstehen. Auch wenn es vielen Besitzern schwerfällt, ihren Hund nicht zu beachten, sollten sie es ausprobieren und als Erziehungsmittel einsetzen. Sie sollten sich einen Gegenstand wie eine Zeitung, ein Bild oder einen anderen Punkt im Raum suchen und sich darauf konzentrieren. So fällt es einem leichter, seinen Liebling zu ignorieren, da es einen langen Atem und viel Geduld braucht. Denn ein Hund, der links liegen gelassen wird, kann sein ganzes Verhaltensrepertoire anwenden. Zum Beispiel wird der typische Dackelblick aufgesetzt, ein herzzerreißendes Fiepen setzt ein, oder er steigert sein unerwünschtes Verhalten, da er nicht glauben kann, dass dies plötzlich nicht mehr erfolgreich sein soll.

Ein Zwergpudel will zum Beispiel unbedingt Ball spielen. Seine Menschen wollen sich aber gerade miteinander unterhalten und haben für ihn keine Zeit, was er mit ausdauerndem Bellen quittiert. Da heißt es konsequent bleiben. Der Hund wird garantiert aufhören, wenn er lange genug ignoriert wird, da seine Bemühungen erfolglos bleiben. Doch der Zwergpudel ist nicht dumm, er hört zwar auf zu bellen, fängt aber an, seine Menschen anzustupsen, damit sie endlich den Ball werfen. Wird auch das ignoriert, wird er aufgeben und sich angemessen verhalten. Wenn das gelungen ist, sollte der Hund unbedingt ruhig gelobt werden, damit er nicht wieder aufdringlich wird. Würden seine Menschen nachgeben und doch noch den Ball werfen, hätte er gelernt, dass seine Ausdauer belohnt wird. Beim nächsten Mal wird er nicht mehr bellen, sondern gleich mit dem Stupsen beginnen, denn das hat ihm am meisten Erfolg gebracht.

Das Ignorieren ist selbstverständlich kein geeignetes Vorgehen, wenn der Hund gerade etwas stibitzt hat, unterwegs etwas frisst oder auf ein Kommando nicht hört. In diesen Situationen würde es sein Verhalten bestätigen, und er wäre froh darüber, nicht bemerkt worden zu sein.

Wichtig ist, dass Hunde nur so lange ignoriert werden, wie sie sich unangemessen benehmen. Das komplette Nichtbeachtet-Werden ist für einen Vierbeiner eine Strafe. Als Rudeltier kommt ein zu langes Ignorieren einem Rudelausschluss gleich. Und das ist das Schlimmste, was einem Vierbeiner passieren kann. Außerdem wird es keinen erzieherischen Fortschritt geben, wenn ein Hund, der auf dem Spaziergang Leckerlis einfordert, dafür den ganzen weiteren Tag nicht beachtet wird. Nur das momentane Ignorieren hilft ihm, sein Verhalten zu ändern. Zeigt er daraufhin das erwünschte Benehmen, wird er gelobt, und man kann zur Tagesordnung übergehen.

Intelligente Hunde sind leichter zu erziehen

Jeder Hundebesitzer wünscht sich einen Hund, der intelligent ist. Er möchte einen Vierbeiner, der Kommandos schnell begreift und perfekt folgt. Keinesfalls einen, der ihn fragend anschaut, wenn er etwas von ihm will, oder herumschnüffelt statt zu kommen. Solch einen anscheinend »dummen« Hund möchte kein Hundeliebhaber haben. Doch stimmt es, dass intelligente Vierbeiner leichter zu erziehen sind als die weniger intelligenten? Nein, es ist genau umgekehrt! Zwar braucht jeder Hund Erziehung, doch bringt man einem weniger intelligenten Vierbeiner leichter etwas bei. Kluge Hunde sind sehr einfallsreich bei dem Versuch, in der Hundeschule und auch bei den Übungen zu Hause ihren Kopf durchzusetzen. Aufgrund ihrer geistigen Fitness fordern sie zusätzlich viel Beschäftigung ein. Bekommen sie diese nicht, sind sie sehr kreativ und bringen ihren Menschen oft auf die Palme. Beispielsweise ist ein Pudel, der einer der intelligentesten unter den Vierbeinern ist, ohne Aufgabe unterfordert. Mittlerweile hat er ganz von allein herausgefunden, wie man den Schuhschrank öffnet und ausräumt. Ist sein Herrchen nicht im Haus, holt er voller Hingabe alle Schuhe heraus und verteilt sie in der gesamten Wohnung. Kommt sein Besitzer zurück, muss er seine Schuhe hinter dem Schrank, der Tür oder unter dem Sofa aufsammeln. Währenddessen schaut ihm sein Liebling aufmerksam zu und wedelt mit dem Schwanz, nach dem Motto: »Habe ich doch gut gemacht, oder?« Sein Pudel hat ganz offensichtlich zu wenig geistige Auslastung und weiß sich zu helfen, um seiner Langeweile zu entgehen. Dabei ist ihm seine gute Beobachtungsgabe eine große Hilfe, denn er hat gelernt, wie der Schuhschrank geöffnet wird, und kennt es von seinem Menschen, dass man da die Schuhe herausholt.

Intelligente Hunde sind sehr lernbegierig, haben eine schnelle Auffassungsgabe und behalten Gelerntes gut. Entsprechend behalten sie jedoch auch das, was ihnen falsch beigebracht wurde oder unerwünscht ist. Deshalb fällt jeder kleine Erziehungsfehler zu ihren Gunsten aus, und sie nutzen jede mögliche Freiheit (siehe auch: **Unfug**).

Der Dobermann-Mischling eines Ehepaares ist ein hervorragender Wachhund. Deshalb schließen sie die Haustür nicht ab, wenn beide weggehen. Ihr Vierbeiner hat schnell herausgefunden, wie die Tür zu öffnen ist, und genießt den eingezäunten Garten. Kommen seine Menschen zurück, begrüßt er sie schwänzelnd am Gartentor. Da er draußen viel bellt, ist es seinen Besitzern unangenehm, wenn sich ihr Mischling allein im Garten aufhält. Das Problem lässt sich zunächst leicht lösen, indem sie jedes Mal abschließen, wenn sie gehen. Doch es dauert nicht lange, da wartet ihr Liebling wieder schwanzwedelnd am Gartentor. Wie mag er das nur geschafft haben? Das Rätsel ist bald gelöst. Ihr Vierbeiner hat die Kellertür geöffnet und ist von dort durch den Hobbyraum, der eine Außentür hat, wieder in den Garten gelangt.

Wozu intelligente Hunde fähig sind, kann man auch im Zirkus erleben. Dressurnummern sind beim Publikum sehr beliebt. Diese Vierbeiner werden vor allem nach ihren Fähigkeiten trainiert. So hüpft der Jack Russell gerne hoch und kann in einer gewissen Schnelligkeit viele Tricks nacheinander zeigen. Andere springen durch Reifen oder klettern eine Leiter hinauf. Der Berner Sennenhund zum Beispiel stellt sich tot oder macht Männchen. Vierbeiner wie der Papillon zeigen anspruchsvollere Kunststücke. Sie balancieren auf einer Kugel, können einen Artgenossen an der Leine führen oder stellen sich sogar auf einen großen Hund wie bei den Bremer Stadtmusikanten. Auch sind die Tiere sehr präzise und wissen genau, von welcher Position aus sie nach ihrer Nummer wieder auf ihren nächsten Einsatz warten müssen. Man sieht ihnen an, welche Freude sie bei der Ausführung ihrer Aufgaben haben.

Aber auch im Alltag lernen intelligente Hunde schnell etwas Neues. Durch ihre Begabung haben sie rasch herausgefunden, wie sie ihren Menschen manipulieren und um den hündischen Finger wickeln können. Hat ein Vierbeiner beispielsweise eine Wunde am Bein und humpelt, wird er von seinem Menschen besonders umsorgt. Er bekommt extra feines Futter, zusätzliche Streicheleinheiten, und der Besitzer schaut öfter nach ihm. Ist der intelligente Vierbeiner wieder gesund, will er diese Sonderstellung weiterhin behalten. Also beginnt er nach kurzer Zeit wieder zu humpeln. Ein weniger kluger Hund würde sicher keinen Eigennutz aus einer solchen Situation ziehen.

Daher sollten Hundebesitzer, die einen weniger intelligenten Hund haben, im Grunde zufrieden sein. Er passt sich leichter dem Alltagsgeschehen an und begnügt sich mit weniger Abwechslung. Doch auch er will seiner Art entsprechend beschäftigt werden und genießt es, mit seinem Menschen viel zu erleben.

J

Der **Jagdtrieb** eines Hundes ist nicht kontrollierbar

Viele Hundebesitzer, die auf dem Land leben oder öfter mit ihrem Vierbeiner in der Natur spazieren gehen, sind erstaunt darüber, was für eine Spürnase ihr Hund ist. Kaum drehen sie ihm den Rücken zu oder führen mit ihrer Begleitung ein kurzes Gespräch, dauert es nicht lange, und ihr Vierbeiner ist auf und davon. Das betrifft nicht nur Besitzer von Jagdhunden wie Münsterländern, Settern, Terriern oder Deutsch Kurzhaar, sondern auch jagdlich orientierte Mischlinge. Selbst wenn sie ihren Hund permanent beobachten und er die Grundkommandos gut kann, hört er sie nicht mehr, sobald er eine frische Spur wittert oder sich in der Ferne etwas bewegt. Deshalb gehen sie davon aus, dass sie den Jagdtrieb bei ihrem Hund nicht kontrollieren können. Das ist jedoch nicht der Fall! Bei keinem Vierbeiner muss der Mensch das Jagen hinnehmen und bei jedem Spaziergang fürchten, dass sich sein Liebling mal wieder aus dem Staub macht. In der Tat ist der Jagdtrieb zwar angeboren und lässt sich daher nicht vollkommen abtrainieren, doch er kann durch ein gezieltes Antijagdtraining umgelenkt und kontrollierbar gemacht werden. Dadurch wird der Hund abrufbar und gerät nicht mehr wegen der kleinsten Wildspur außer Rand und Band. Ob ein Vierbeiner ein talentierter Jäger ist, lässt sich bereits sehr früh beobachten und sollte ab diesem Zeitpunkt in die richtigen Bahnen gelenkt werden.

Zum Beispiel besitzt ein Hundeliebhaber einen vier Monate alten Rauhaardackel-Mix und einen gleichaltrigen Malteser. Sie sind die Attraktion im Park. Die Leute bleiben stehen und amüsieren sich über die lebhaften Kleinen, wie sie versuchen, jedem Blatt, das sich bewegt, nachzujagen. Selbst eine Krähe, die sich auf der Wiese niederlässt, ist eine große Verlockung. Auffällig ist, dass sich der Dackel-Mix bereits schon als Welpe viel intensiver damit beschäftigt als der Malteser und nicht aufgibt, sondern sich immer mehr ins Hinterherjagen hineinsteigert – im Gegensatz zu dem Malteser, der sich nach einer Weile für andere Dinge interessiert. Es ist schon in diesem jungen Alter eindeutig, welcher von beiden jagdlich orientiert ist. Der Dackel-Mix präsentiert ähnlich wie ein erwachsener Jagdhund ein paar Tage später seine Künste. Er pirscht sich an, fixiert einen Vogel, hebt seine Vorderpfote und rast darauf los. Der Mensch belächelt anfangs noch sein spielerisches Jagen. Doch als er ihn an die Leine nehmen will, kann er den Hund kaum bändigen, weil dieser weiterhin allem, was sich bewegt, hinterherhetzen will. Der Besitzer hätte es nie für möglich gehalten, dass seinen Liebling das Jagdfieber bereits so früh gepackt hat.

Jedoch ist das für einen Jagdhund nichts Außergewöhnliches. Auch nicht für einen Pointer-Labrador-Mischling, der sich – zum Ärgernis seines Menschen – in die Fluten stürzt, sobald er eine Ente erspäht. Sein Besitzer, der sich auf ein entspanntes Sonnenbad am See gefreut hat, sieht keine Möglichkeit, ihn davon abzuhalten. Beide Hundehalter sind von dem Jagdtrieb ihrer Lieblinge gestresst und befürchten, ihre Vierbeiner nur noch an der Leine führen zu können. Genauso ergeht es einer Weimaraner-Besitzerin, die von ihrem Hund ausgeblendet wird, sobald er etwas Jagdbares an Land oder auf dem Wasser wittert. Sie hat sich daher dazu entschlossen, einen Kurs bei einem

Hundetrainer zu belegen, der sich auf das Antijagdtraining spezialisiert hat, damit sie ihren Liebling wieder ohne Leine laufen lassen kann. Gleich anfangs macht er sie darauf aufmerksam, dass das Training zeitintensiv ist und es sehr viel Geduld braucht, bis sich die ersten Erfolge zeigen. Auf jeden Fall muss der Vierbeiner die Grundkommandos beherrschen. Während des gesamten Trainings bleibt das Tier an der Schleppleine. Bei großen Hunden ist es ratsam, Handschuhe zu tragen, da eine gewisse Verletzungsgefahr besteht, falls die Leine durch die Finger gleiten sollte. Auch lernt der Hund durch die Leine, einen bestimmen Radius einzuhalten. Vor allem aber hindert es ihn am Jagen, was die Voraussetzung für ein erfolgreiches Üben ist. Am Anfang wird das für einen jagdlich orientierten Hund Wichtigste geübt: die Impulskontrolle. Das bedeutet, dass die Besitzerin ihrem Weimaraner ein Abbruchsignal wie »Stopp!«, »Halt!« oder »Steh!« beibringt, damit er in Zukunft daraufhin sein momentanes Handeln sofort einstellt und sich auf seinen Menschen konzentriert. Da ihr Vierbeiner in der Stadt an lockerer Leine gehen kann, lässt sich das Kommando dort gut trainieren. Bevor sie eine Straße überqueren, sagt sie rechtzeitig das Abbruchsignal, sodass ihr Liebling am Bordstein wartet. Das anschließende Lob darf natürlich nicht fehlen. Auch kann sie zu Hause gut Übungen einbauen, damit er lernt, seine Impulse selbst zu kontrollieren. Vorbei sind die Zeiten, in denen er sich auf sein Fressen stürzen durfte. Ab jetzt nimmt sie den Futternapf in die Hand. Verhält sich ihr Liebling ruhig, stellt sie den Napf auf den Boden und hält ihn weiterhin fest. Stürzt der Vierbeiner sich wie gewohnt darauf, zieht sie ihm den Napf vor der Nase weg. Dieselbe Abfolge wird so lange durchgeführt, bis der Hund gelernt hat, entspannt zu warten. Kann er dies, wird er gelobt und bekommt dann das Kommando zum Fressen. Neben den regelmäßigen Gassigehrunden gehören auch Apportierspiele zum täglichen Beschäftigungsprogramm, nur werden sie anders aufgebaut (siehe auch: **Apportieren**). Da der Weimaraner früher ohne Befehl einfach losrennen durfte, wurde damit unwissentlich sein Jagdtrieb gefördert. Jetzt soll er lernen, beim Apportieren zu warten, bis er das Kommando zum Holen und Bringen bekommt. Hat er das Prinzip begriffen, wird er jedes Mal ausgiebig gelobt. An der langen Leine wird unter anderem das zuverlässige Kommen oder auch das Abbruchsignal intensiv geübt, denn natürlich interessieren ihn weiterhin alle frischen Spuren. Wichtig dabei ist, dass der Befehl gegeben wird, bevor sich die Leine spannt. Reagiert der Jagdhund auf das Kommando sofort oder zögert höchstens kurz und kehrt dann um, wird er mit Futter belohnt. Hört er nicht auf den Befehl, bleibt der Halter stehen und wartet ab, denn oft kommt erst verzögert die erwünschte Reaktion. Wenn sie ausbleibt, wird er behutsam herangezogen. Zur Verstärkung des Befehls kann dabei langsam rückwärtsgegangen werden. Bekommt der Mensch dadurch wieder die Aufmerksamkeit seines Vierbeiners, lobt er nur verbal. Zusätzlich werden zwischendurch an der vier oder fünf Meter langen Leine Richtungswechsel geübt. Dieses Training hilft, damit der Hund sich mehr an seinem Menschen orientiert (siehe auch: **Schleppleine**). Da das Antijagdtraining anstrengend ist, sollte täglich in kleinen Einheiten geübt werden. Sonst kann es passieren, dass die Konzentration nachlässt und beispielsweise ein Beagle eher an der Leckerlitasche als an den Übungen interessiert ist, oder ein Rauhaardackel schwer davon abzubringen ist, seine Künste im Löchergraben zu zeigen.

Wichtig: Das Training lässt sich keinesfalls durch ein Sprühhalsband verkürzen (siehe auch: **Erziehungshilfen**). Es ist kein geeignetes Hilfsmittel, weil dadurch der Jagdtrieb nur unterdrückt wird. Manche Hunde werden sogar weiterhin jagen, weil sie sich an das Sprühen gewöhnt haben. Jagdlich orientierte Hunde müssen die Möglichkeit haben, ihre Fähigkeit gemäß ihrer Natur auszuleben. Gestattet man es ihnen nicht, sind sie frustriert und können unerwünschtes Verhalten zeigen (siehe auch: **Verhaltensstörungen**).

Es gibt viele Beschäftigungsmöglichkeiten, die dem Jagen verwandt sind. Zusammen mit dem Besitzer kann der Vierbeiner dabei seinen Jagdtrieb ausleben, wobei die Abbruchsignale hier weiterhin sinnvoll angewandt werden. Dazu gehört vor allem das Apportierspiel. Ebenso machen Suchspiele vielen Hunden und ihren Menschen Freude (siehe auch: **Suchspiele**). Beides ist auch im Haus eine vortreffliche Beschäftigungsmöglichkeit. Die Hundesportart Mantrailing ist für diese Schnüffelnasen ebenso eine tolle Alternative. Oder die Reizangel, die für gesunde Tiere ein gutes Hilfsmittel ist. Sie sollte nicht nur während des Antijagdtrainings eingesetzt werden, sondern auch danach. Durch sie kann der Trieb weiterhin kontrolliert beziehungsweise umgelenkt werden. Bei der Benutzung sollte der Hund so gut folgen, dass er auf Befehl sofort das Hetzen abbricht, weil man sonst seinen Jagdtrieb fördert und er nur aufgeregter wird (siehe auch: **Reizangel**). Fünfzehn Minuten sind für lauffreudige Hunde ausreichend, damit sie sich auspowern und müde werden.

Hat der Hundebesitzer das Training erfolgreich beendet, steht einem entspannten Gassigehen mit dem unangeleinten Hund nichts mehr im Weg. Trotzdem sollte der Halter daran denken, ihn weiterhin im Auge zu behalten. Starrt der Vierbeiner in eine Richtung, schnüffelt intensiv oder hebt das Vorderbein, muss er sofort abgerufen werden. Reagiert er darauf, wird er mit einem Lob bestätigt, und ein Futterbeutel kann in die entgegengesetzte Richtung geworfen werden. Denn er wird ein jagdlich orientierter Hund bleiben und auch in Zukunft eine Beschäftigung brauchen, damit er weiterhin gut folgt und sein Mensch mit ihm zufrieden ist.

K

Eine **Kastration** löst alle erzieherischen Probleme

Eine attraktive Frau hat ihren Traumjob gefunden und arbeitet seit Kurzem als Fotomodel. Vor zehn Monaten hatte sie sich einen Wunsch erfüllt und sich einen Bearded Collie zugelegt. Gehen beide spazieren, bewundern viele Leute ihren wunderschönen eleganten Rüden mit seinem langen grau-weißen Haarkleid. So überlegt sie nicht lange und geht mit ihm zu einer Tieragentur, wo von ihm Fotos gemacht werden. Nach kurzer Zeit meldet sich die Agentur und lädt beide zusammen zu einem Fotoshooting an einem bayerischen See ein. Als sie dort ankommen, sieht die Frau entsetzt, dass ihr Liebling nicht der einzige Hund ist, denn es laufen auch noch zwei Golden Retriever und ein Jack Russell umher. Ihr junger Collie rennt begeistert auf die Hunde zu, und ein wildes Spiel beginnt. Den anderen Besitzern gelingt es nach kurzer Zeit, ihre Hunde zu sich zu rufen, nur ihrer tobt weiter, reißt vieles um und ist nicht zu bändigen. Der Fotograf ist mit den Nerven am Ende. Schließlich springt der Hund auch noch die fertig gestylten weiblichen Fotomodels an. Die Stimmung ist am Boden. Die Besitzerin denkt, die Karriere ihres Vierbeiners ist mit dem heutigen Tag beendet, bevor sie überhaupt richtig begonnen hat. Und das will sie auf keinen Fall! Doch sie ist sich auch nicht sicher, ob sich dieses Temperament mit dem Alter legen wird. Was also tun? Denn so lebhaft kann sie ihn auf Dauer keinesfalls mit zu ihren Fotoshootings nehmen. Zu Hause recherchiert sie, auf welchem Weg sie am schnellsten die Probleme in den Griff bekommen kann. Und sie wird fündig: Eine Kastration soll angeblich alle erzieherischen Probleme lösen. Die Hunde werden nach diesem Eingriff ruhiger und sind dadurch leichter zu erziehen. Dies ist leider ein großer Irrtum, der sich hartnäckig hält. Die Kastration bewirkt keine Verhaltensänderung, solange diese nicht rein hormoneller Natur ist, wie bei der Hypersexualität. Dass ein Junghund, wie der Bearded Collie, in diesem Alter großes Interesse an anderen Vierbeinern hat, ist normal. Auch dass er am liebsten das macht, wonach ihm ist und somit nicht mehr folgt, ist ebenso typisch für diese Entwicklungsstufe. Die Halterin sollte mit ihrem Liebling einen Hundetrainer aufsuchen, der mit ihr an der Grunderziehung arbeitet, damit er ruhiger und aufmerksamer wird (siehe auch: **Erziehung**). So würde dem Fotoshooting nichts mehr im Wege stehen, und wer weiß, vielleicht geht die Karriere dann erst richtig los.

Doch leider wird Hundebesitzern bei lebhaften oder auch hyperaktiven Hunden viel zu häufig zu einer Kastration geraten (siehe auch: **Hyperaktivität**). Sicher gibt es auch Fälle, bei denen vor allem Rüden nach einer Operation phlegmatischer werden. Doch das betrifft eher ihre sexuellen Aktivitäten und nicht ihr Temperament. Junge Hunde sind quirlig und aktiv. Ein Eingriff bringt keine Gewissheit, dass der Vierbeiner ruhig und ausgeglichen wird und plötzlich aufs Wort folgt. Das schafft nur eine angemessene Erziehung und artgerechte Beschäftigung (siehe auch: **Artgerecht**).

Eine Kastration soll auch gegen aggressives Verhalten helfen. Doch das ist nicht gesagt. Gerade bei Hündinnen, die zu Aggressionen neigen, kann sich das Betragen danach sogar massiv verschlimmern. Die Aggressionen würden sich nur reduzieren, wenn sie ausschließlich während der

Läufigkeit auftreten. Generell sollte eine Kastration nur dann in Erwägung gezogen werden, wenn medizinische Gründe dafür sprechen. Sinnvoll wäre ein Eingriff auch bei Rüden, die in einer Gegend mit vielen läufigen Hündinnen leben und dadurch unter enormem hormonellem Stress stehen.

Kläffende Hunde »reden«, um sich sprachlich mitzuteilen

Es ist ein Unterschied, ob Hunde ab und zu bellen oder in einer hohen Stimmlage ausdauernd kläffen. Lautäußerungen von sich zu geben, ist hündisch und normal. Hunde zeigen damit Emotionen oder lösen Konflikte. Einige Besitzer vergleichen das Kläffen gerne mit dem menschlichen Sprachgebrauch und glauben, dass die Vierbeiner ihnen etwas mitteilen wollen. Das ist nicht richtig.

Das Bellen dient bei der Verständigung zwischen Artgenossen als zusätzliche Unterstützung der Körpersprache.

Oft wird Hunden das Kläffen sozusagen unbeabsichtigt von ihren Menschen beigebracht. Ein Ehepaar wälzt mit ihren Freunden Kataloge, um einen gemeinsamen Urlaub zu planen. Dabei sind sie so vertieft, dass sie nicht mehr an ihren liebenswerten Cocker Spaniel denken, der sie seit längerer Zeit mit seinen Blicken verfolgt. Schließlich beginnt er die Menschen in hohen Tönen anzukläffen. Sofort bekommt er Aufmerksamkeit, sein Frauchen wendet sich ihm zu: »Ist ja gut, natürlich fährst du mit in den Urlaub! Es wird dir bestimmt gefallen, da können wir weite Spaziergänge machen.« Die Freunde amüsieren sich köstlich darüber, dass dieser kluge Hund sich ebenfalls zu den Urlaubsvorbereitungen äußern will. Das ist allerdings nicht der Fall. Der Cocker Spaniel kläfft, weil es für ihn ungewohnt ist, über eine längere Zeit nicht beachtet zu werden. Er hat gelernt, dass sich anhaltendes Bellen für ihn lohnt.

Dasselbe gilt für einen Vierbeiner, der sich in der Küche so lange lautstark meldet, bis er etwas zu fressen bekommt. Auch er hat verknüpft, dass das Kläffen Erfolg bringt. Das nervende Bellen, wenn es an der Tür klingelt, wird auch oft falsch verstanden. Schafft es der Besitzer nicht sofort, die Tür zu öffnen, kläfft sein Hund in den höchsten Tönen. Weder will er seinem Halter mitteilen, dass es geklingelt hat, noch dass er die Tür öffnen soll. Tatsächlich ist er erregt und bereit, den »Eindringling« zu vertreiben.

Oder ein Hund bellt, weil er seinen Menschen unüberhörbar auffordert, ihm den Ball zuzuwerfen. Er hat längst gelernt, je kräftiger er bellt, desto eher beginnt das Ballspiel. Dies hat mit Reden nichts zu tun.

Menschen teilen sich verbal durch ihre Sprache mit, doch Vierbeiner kläffen, weil es ihnen der Besitzer durch sein Verhalten bestätigt hat, oder sie haben bereits als Welpe in einer Gruppe gelebt, in der viel gebellt wurde. Dann werden sie es auch später tun.

Kommt ein Vierbeiner als Zweithund in eine Familie und kläfft der Ältere anhaltend, wird es nicht lange dauern, bis der Mensch zwei von der lautstarken Sorte hat (siehe auch: **Zweithunde**). Meistens sind Kläffer sensible, unsichere und ängstliche Tiere. Die anderen haben es aufgrund ihrer Souveränität nicht nötig.

Andauerndes Gekläffe stört nicht nur den Hundebesitzer, sondern noch mehr die Nachbarschaft. Da es auch den Hund enorm stresst, sollte dieser durch ein gezieltes Training dazu gebracht werden, es aufzugeben (siehe auch: **Stress**). Klingelt es an der Tür, kann ihm gelehrt werden, nach ein- oder zweimaligem Bellen dieses auf ein Kommando hin einzustellen. Dazu sagt der Halter kurz aber bestimmt: »Aus!«, »Still!« oder »Leise!«. Ist das Tier daraufhin ruhig, sollte es sofort ein ausgiebiges Lob bekommen.

Äußert der Vierbeiner sich besonders laut und steigert sich immer mehr in die Situation hinein, kann ihm ein anderer Befehl, zum Beispiel »Sitz!« helfen (siehe auch: »**Sitz!**« oder »**Platz!**«). Alternativen anzubieten, kann den Befehl unterstützen. Das kann sein Lieblingsspielzeug oder ein Futterbeutel sein, den man wirft (siehe auch: **Apportieren**). Auch stresst es den Hund weniger, wenn er auf ein Kommando den Besitzer anschauen muss (siehe auch: **Augen schauen**). Eine weitere Möglichkeit besteht darin, dass der Halter auf den Hund zugeht und ihn so aus der Konfrontation herausnimmt.

Wichtig ist, die Ursache für das Kläffen zu beheben. Dafür ist es hilfreich, die tierische Körpersprache mit einzubeziehen. Denn Hunde »reden« nicht, sondern reagieren mit ihrem Kläffen auf ihre momentane Befindlichkeit.

Klauen kann keinem Hund abgewöhnt werden

»Nichts kann man stehen lassen! Dreht man sich um, schon hat der Hund es im Maul!« So ergeht es einer Besitzerin mit ihrem Labrador-Rüden. Heute hat sie Geburtstag, Freunde und Verwandte sind zum Abendessen eingeladen. Sie möchte ihre Lieben mit einem mehrgängigen Menü so richtig verwöhnen. Dafür wird im Esszimmer der Tisch festlich gedeckt. Ihr Labrador-Rüde liegt währenddessen gespannt auf dem Teppich und lässt sein Frauchen nicht aus den Augen. Er würde gern schon einmal das Weißbrot, die Käseplatte und den Braten probieren. Doch stattdessen müssen die leckeren Sachen im Küchenschrank aufbewahrt werden. Die Hundehalterin kennt ihren Vierbeiner sehr genau, er würde in einer rekordverdächtigen Geschwindigkeit die exquisiten Kristallgläser und Teller vom Tisch fegen, um an das Essen zu gelangen. Ihr Liebling klaut ohne Rücksicht auf Verluste, nach dem Motto: »Wer sich wegdreht, hat verloren!« Auf diese Weise sind die Vorbereitungen ein einziger Stress. Wieder einmal schwört sie sich, niemanden mehr zu bekochen, denn so macht es einfach keinen Spaß. Sie ist überzeugt, dass sie ihrem Vierbeiner das Klauen nicht abgewöhnen kann. Das ist jedoch ein Irrtum! Selbstverständlich können Hunde lernen, dass sie Essbares nicht stibitzen dürfen. Da Hundehalter oft nicht wissen, warum ihr Liebling klaut, suchen sie eine Kompromisslösung nach der Devise, wenn der Mensch seinem Hund entgegenkommt, dann gibt es für ihn auch keinen Anlass mehr zu stehlen. Viele Besitzer geben ihm einen Kauknochen, in der Hoffnung, dass er dann kein Interesse mehr am Essen zeigt. Oder sie kommen zu dem Ergebnis, dass er bestimmt noch Hunger hat. Von einer zusätzlichen Portion würde er allerdings nur mehr Kilos auf die Rippen bekommen, was ihn sicher nicht vom Stehlen abhalten wird. Manche Halter versuchen ihren Vierbeiner wegzuziehen und zeigen ihm eine Alternative, wie mit seinem Ball zu spielen. Oder sie erteilen ihm ein verbales Verbot, doch das beeindruckt die wenigsten.

Klauen ist für den Hund selbstbelohnend. Der Erfolg ist auf seiner Seite, weil das Essen meistens bereits in seinem Magen gelandet ist, bevor er ausgeschimpft wird. Um seinem Liebling das Stehlen abzugewöhnen, sind besondere Regeln notwendig. Ihm sollte generell nichts vom Tisch, sondern jegliches Fressen nur in seinem Napf gegeben werden. Denn fällt für den Vierbeiner immer mal wieder etwas Leckeres so ganz nebenbei vom Tisch oder auf den Küchenboden, wird bereits der Grundstein zum Klauen gelegt. Erst dadurch lernt er, dass es noch andere Optionen gibt, um an Fressen zu gelangen. Zusätzlich muss darauf geachtet werden, dass er in der Lernphase keine Gelegenheit mehr bekommt, etwas zu erwischen. Das heißt, alles muss so gut verstaut werden, dass er nicht herankommen kann.

Aber nicht nur Lebensmittel stehen auf der Liste der beliebtesten Beute. Auch Socken, die Fernbedienung, CDs und vieles mehr sind heiß begehrt. Hunde, die stehlen, haben in den meisten Fällen Langeweile, sind unterfordert oder können sich im Alltag zu viele Freiheiten herausnehmen. Der Hundebesitzer ist mit solch einem Vierbeiner oft überfordert und nimmt es meist in Kauf, dass so manches in Mitleidenschaft gezogen wird. Umso wichtiger ist es, dass Hunde lernen, dass Stehlen ein absolutes Tabu ist! Dazu ist es notwendig, ihnen beizubringen, dass sie nur auf Befehl Dinge nehmen oder fressen dürfen. Eine gute Maßnahme ist es, ein Leckerli in die Hand zu legen und eine Faust zu machen. Der Hund wird nun versuchen, irgendwie an den Futterhappen zu gelangen – etwa durch Knabbern, Schlecken oder leichtes Kratzen. Die Hand wird erst dann geöffnet, wenn der Hund von sich aus damit aufhört und nicht mehr versucht, an das Futter zu kommen. Ist er ruhig, gibt man ihm das Kommando »Jetzt!«, erst danach darf er es nehmen. Klau-Situationen sollte man inszenieren, damit gezielt mit dem Vierbeiner geübt werden kann, um im richtigen Moment einzugreifen. So kann ein besonders guter Leckerbissen auf einem großen Zinnteller deponiert werden; wenn der Hund nun versucht, an das Fressbare zu kommen, fällt der Teller mit lautem Scheppern auf den Boden. Manche Vierbeiner lassen sich vom ersten Schrecken beeindrucken, andere brauchen zwei- bis drei Wiederholungen. Doch sollte nicht zu oft hintereinander gestraft werden, denn auch das kann sich abnutzen und keinen Erfolg mehr bringen (siehe auch: **Strafen**).

In vielen Fällen hilft auch Folgendes: Man legt den Gegenstand, zum Beispiel eine Fernbedienung oder ein Stück Kuchen, provozierend auf den Tisch und versteckt sich dann hinter der Tür. Nähert sich der Hund dem begehrten Objekt, erschreckt man ihn mit etwas laut Scheppendem (Trainingsdisc, zwei Topfdeckel, Klapperdose) oder mit einer Wasserspritze. Da er damit nicht rechnet, ist er verunsichert und wird sich zurückziehen. Es ist wichtig, dass der Hund nicht merkt, dass die Bestrafung von seinem Menschen ausgeht, um das Vertrauensverhältnis nicht zu belasten. Nach dieser Aktion geht sein Besitzer sofort zu ihm und lobt ihn überschwänglich. Um das Training erfolgreich durchzuführen, ist ein richtiges Timing unerlässlich, denn im Schreckmoment steht der Hund unter enormem Druck. Kommt der Schreckreiz zu früh oder zu spät, besteht die Gefahr, dass der Hund falsch verknüpft und unter negativem Stress steht. Auch sollten Schreckreize nicht bei ängstlichen Hunden angewandt werden. Daher ist es empfehlenswert, fachliche Hilfe in Anspruch zu nehmen. Es erfordert Zeit und Geduld, bis der Vierbeiner nichts mehr stibitzt, doch das Training lohnt sich.

Knurren Hunde, sind sie immer böse

Es ist Sommer. Auf dem Hundeplatz spielen zwei Vierbeiner ausgelassen, und bald wird es ihnen ziemlich warm. Sie brauchen jetzt unbedingt Wasser. Während der erste die kühle Flüssigkeit genüsslich aus einem Napf schlabbert, kommt der zweite hinzu und will sich danebendrängen. Er wird sofort angeknurrt. Der Artgenosse versteht diese Ausdrucksform und zieht sich zurück. Sein Besitzer kann das überhaupt nicht verstehen. Eben haben sie noch so friedlich miteinander gespielt, und plötzlich zeigt der erste seinem Liebling gegenüber eine Abneigung. Doch das ist ein Irrtum! Knurrende Hunde sind nicht immer böse. Vielmehr ist das Knurren eine Vorwarnung und besagt, dass – wie in diesem Fall – der erste über dem zweiten in der Rangfolge steht und dieser sich deshalb vom Wassernapf zurückziehen soll.

Unter Menschen kann man das Gleiche beobachten. Sie warnen meist auf verbale Weise. Ein Kind weiß, dass es zu Hause nicht an den Arbeitscomputer seines Vaters gehen darf. Doch es ist zu verlockend, und in einem unbeobachteten Moment setzt es sich auf den Drehstuhl, um die Tasten zu bearbeiten. Sein Vater steht plötzlich hinter ihm und erkennt gerade noch auf dem Bildschirm: »Möchten

Sie die Datei wirklich löschen?« In einem strengen Ton sagt er seinem Knirps, dass er sofort die Finger von der Tastatur nehmen soll, sonst würde es ernste Konsequenzen nach sich ziehen. Mensch und Hund haben in diesen Fällen die gleiche Absicht: Sie warnen, aber deshalb sind sie nicht böse auf den anderen. Wird die Ermahnung vom Kind und dem rangniedrigen Hund akzeptiert, verstehen sie sich hinterher wieder gut.

Vierbeiner knurren auch in Situationen, in denen sie sich unwohl fühlen. Ein ungarischer Mischlingshund lebt in einer Familie mit mehreren Kindern. Den ganzen Tag über wird dem Vierbeiner viel geboten. Gleich am frühen Morgen geht der Vater mit ihm zum Joggen, am Vormittag geht die Mutter zum Agility, und ab dem Nachmittag kümmern sich die Kinder um ihn. Sie werfen ihm einen Ball, den er prompt holt. Dieses Spiel setzen sie auch während des Gassigehens fort. Als sie wieder daheim sind, meint die Mutter, dass ihr Spielkamerad gebürstet werden müsse, was die Kinder gern übernehmen. Als sie ihn festhalten, knurrt er auf einmal. Spätestens in diesem Moment reicht es dem Mischling. Für die Kinder und Erwachsenen kommt seine Reaktion aus heiterem Himmel. Seine Familie, die ihn über alles liebt, ist schockiert. Warum ist er auf einmal böse? Doch das ist er in diesem Fall nicht. Er signalisiert ihnen nur, dass er sich bedrängt fühlt, ihm alles zu viel ist und er am liebsten ein ruhiges Plätzchen hätte.

Im Gegensatz zu Hunden können Menschen eine beklemmende Situation wie zum Beispiel eine überfüllte Konzerthalle verlassen. Oder sie können sagen: »Ich mag nicht mehr.« Das können Vierbeiner nicht. Um sich selbst zu schützen, bleibt ihnen nichts anderes übrig, als zu knurren. Dies betrifft vor allem unsichere, ängstliche Tiere. Hunde, die zum Selbstschutz knurren, brauchen insgesamt mehr Sicherheit und eine Rückzugsmöglichkeit. Oft ist hierfür eine Box geeigneter als ein Körbchen, denn dort fühlen sie sich sicherer und finden mehr Ruhe.

Häufig hilft es bereits, wenn sie aufs Wort Folgen lernen. So können sie sich auf ihren Menschen verlassen, da dieser die Führung übernimmt. Eine gute Übung ist es, ihm den Befehl »Schau!« beizubringen. Kommt eine stressige Situation, kann sich sein Liebling auf den Befehl hin seinem Menschen zuwenden, und eine Begegnung kann entspannter verlaufen (siehe auch: **Augen schauen**).

Würde man einem Hund das Knurren immer wieder verbieten und ihn weiter bedrängen, kann es sein, dass er zu schnappen anfängt. Bringt das Knurren aus Hundesicht keine positive Veränderung, hält er es für unwirksam und greift zu härteren Mitteln wie Schnappen oder sogar Beißen.

Der Mensch sollte seinen Liebling gut beobachten, um rechtzeitig erkennen zu können, ob er sich unwohl fühlt und wann seine Stimmung kippt. Anfangs vom Hund gezeigte Anzeichen, die der Mensch leicht übersehen kann, sind Schlecken, Gähnen oder Schmatzen. Wenn möglich, sollte der Hund Situationen, in denen er beispielsweise aus Angst oder Unsicherheit knurrt, nicht mehr ausgesetzt werden. Doch oft ist das nicht möglich. Wohnt man im elften Stock eines Hochhauses und der Vierbeiner hat die Angewohnheit, fremde Menschen im Fahrstuhl anzuknurren, kann man nicht einfach auf das Treppenhaus ausweichen. In solchen Fällen oder wenn das Knurren nicht eindeutig auf einen bestimmten Auslöser zurückzuführen ist, sollte ein Hundeexperte ins Haus kommen (siehe auch: **Tierpsychologen**). Sicher gibt es auch Hunde, die aggressiv knurren. Meistens fletschen sie dabei die Zähne, und ihre gesamte Körperhaltung ist angespannt und bedrohlich. Da sie dann oft kurz vorm Zubeißen sind, sollte das nicht auf die leichte Schulter genommen werden (siehe auch: **Bellende Hunde**).

Es gibt Welpen, die knurren, wenn der Mensch an ihren Fressnapf oder an ihr Spielzeug will. Dieses Knurren sollte der Besitzer umgehend unterbinden, indem er das Fressen oder das Spielzeug wegnimmt und ihm gleich wiedergibt, wenn er wieder ruhig ist. Damit signalisiert er seinem Hund, dass er in der Rangfolge über ihm steht (siehe auch: **Rangfolge**).

Egal aus welchem Grund ein Vierbeiner knurrt, man sollte immer versuchen, die Ursache zu finden und das Problem durch Aufmerksamkeit oder in schwierigen Fällen durch ein Training zu beheben.

»Komm!« begreift der Hund schnell

Ein junges Paar komplettiert sein Glück mit einem fünf Monate alten Labrador-Terrier-Mix. Der gescheckte, kniehohe Vierbeiner ist ein wirklicher Clown und erfreut sie mit der Freundlichkeit des Labradors. Beide nehmen die Streiche ihres Junghundes in Kauf, da er genau wie seine Besitzer nach seinen Bedürfnissen leben soll. Eines ist dem Pärchen jedoch wichtig: Auf das Kommando »Komm!« soll er zuverlässig hören. Zu Hause klappt das bereits recht gut. Sobald sie ihn rufen, weil es Fressen gibt oder es Zeit für den Spaziergang ist, läuft er sofort zu ihnen. Deshalb sind sie der Meinung, dass der Hund auch draußen auf Befehl kommen wird und leinen ihn während des Spaziergangs ab. Doch hier hört der Labrador-Terrier-Mix kaum noch auf das Kommando. Hat er es vergessen? Nein, das Pärchen wusste nur nicht, dass Hunde das Kommando »Komm!« keineswegs schnell begreifen können. Bis es so weit ist, braucht es viel Zeit!

Das Paar entschließt sich, in eine Hundeschule zu gehen. Sie belächeln die anderen Teilnehmer, die sich damit abmühen, dass ihr Hund konstant neben ihnen läuft, auf das Kommando »Platz!« hört und auch noch liegen bleibt.

Als der Trainer sie fragt, wobei er ihnen helfen kann, möchten beide nur eine kurze Anleitung, wie sie ihrem Hund das Kommen noch besser beibringen können. Sie fügen hinzu, dass es ihnen völlig egal ist, ob er links, rechts, vor oder hinter ihnen geht, sich hinsetzt oder hinlegt, denn sie legen Wert auf seine Freiheiten. Da sie häufig Hunde sehen, die auf diesen Ruf hin sofort zu ihrem Besitzer laufen, sind sie der festen Überzeugung, dass »Komm!« ein Kommando ist, das ihr Liebling schnell lernen wird. Der Trainer kennt diesen Wunsch nur zu gut, muss sie aber enttäuschen: Wenn ein Vierbeiner sonst nichts zu lernen braucht, wird er auch auf den Befehl »Komm!« nicht zuverlässig reagieren können. Das ist vergleichbar mit einem Kind, das zu Hause antiautoritär erzogen wird und dann plötzlich um acht Uhr schlafen gehen soll. Es wird diese neue Regelung nicht befolgen wollen. Deswegen ist auch für den Labrador-Terrier-Mix allein das »Komm!«-Training nicht ausreichend. Zusätzlich muss er lernen, Regeln einzuhalten, indem ihm Grenzen gesetzt werden. Das Pärchen hatte sich das zwar anders vorgestellt, sieht jedoch ein, dass ihr Vierbeiner eine klare Linie braucht.

Nun üben sie auf dem eingezäunten Gelände der Hundeschule. Beide nehmen Futterhappen in die Hand und stellen sich in einem nicht zu großen Abstand einander gegenüber. Dann rufen sie ihren Hund abwechselnd in einem freundlichen Ton – ohne dabei seinen Namen zu nennen. Jedes Mal, wenn er zu der Person, die ihn gerufen hat, kommt, gibt es ein Leckerli. Dabei verknüpft ihr Liebling das Kommando »Komm!« nicht nur mit der Futtergabe, sondern auch mit seinen Besitzern. Dies sollte täglich in kurzen Zeiteinheiten wiederholt werden.

Übt ein Hundebesitzer allein, kann er ein Leckerli nehmen und es nicht zu weit wegwerfen. Sobald der Vierbeiner dieses gefressen hat, ruft sein Mensch ihn freudig zu sich, gibt ihm eine Belohnung und wirft ein weiteres. Oder er lässt ihn zuerst »Sitz und Bleib!« machen, entfernt sich ein paar Meter und ruft ihn dann zu sich.

In den ersten Wochen sollte das Üben in einer reizarmen Gegend stattfinden. Lässt sich das nicht einrichten, sollte der Hund an Orten, die viel Ablenkung bieten, ein Brustgeschirr tragen und an der langen Schleppleine laufen. So kann der Besitzer auf ihn einwirken, wenn er auf das Rufen nicht folgt. Die Leine wird dann aufgenommen, man geht rückwärts vom Hund weg oder zieht ihn langsam zu sich heran. Anschließend wird er gelobt. Ein zusätzliches Leckerli gibt es nur dann, wenn er freiwillig kommt.

Rückschläge kann es natürlich immer geben, und es braucht viel Geduld, bis der Hund das Kommando »Komm!« wirklich in jeder Situation beherrscht. Gerade Junghunde, die diverse Flegelphasen haben (siehe auch: **Pubertät**), »vergessen« gern mal einen Befehl, was das Training verzögern kann. Selbst wenn der Hund bereits gut folgt, wird es immer wieder vorkommen, dass er mal länger an einem Grashalm schnüffelt und auf das erste Rufen nicht reagiert. Hierbei ist es ratsam, weiterzugehen und nicht auf ihn zu warten. Läuft er einem daraufhin nach, sollte er dafür ein Lob bekommen. Reagiert er nicht, sollte man den Moment abpassen, in dem er hochschaut, und noch einmal motivierend rufen; er wird dann sicher kommen.

Wichtig ist, eine andauernde Wiederholung des Kommandos zu vermeiden. Der Hund lernt dann möglicherweise, es zu überhören oder selbst zu entscheiden, auf welches der vielen »Komm!« er hören möchte. Das Endziel ist, dass keine noch so verführerische Ablenkung, wie andere Hunde oder ballspielende Kinder, den Vierbeiner vom Kommen abhält.

Hundebesitzer sollten sich viel Zeit nehmen, um ihrem Hund diesen Befehl beizubringen. Denn nur Vierbeiner, die zuverlässig kommen, können abgeleint werden (siehe auch: **abgeleinte Hunde**).

Kommandos müssen in einem barschen, lauten Ton gegeben werden

Der sechs Monate alte Boxer-Mischling eines Hundebesitzers ist sehr lebhaft und findet beim Spiel mit seinem Menschen kein Ende. Um zu verdeutlichen, dass er weitermachen möchte, bellt er auffordernd. Seinen Halter stört diese Angewohnheit. Nachdem er einmal freundlich »Schluss!« gesagt hat, schreit er den Hund mehrmals an, damit dieser endlich Ruhe gibt. Daraufhin duckt sich der Mischling und zieht sich zurück. Der Mensch ist sich sicher, dass nur das herrische Rufen dies bewirkt hat. In einem solchen Fall ist es allerdings besser, das Spiel kommentarlos abzubrechen und wegzugehen, damit der Hund das Verhalten in Zukunft unterlässt (siehe auch: **Ignorieren**). Leider sind viele Hundebesitzer davon überzeugt, dass Kommandos in einem barschen, lauten Ton gegeben werden müssen. Sie glauben, es würde ihre Autorität unterstützen und ihnen automatisch einen höheren Stellenwert bei ihrem Hund verschaffen. Das ist jedoch Unsinn! Jeder Vierbeiner freut sich über einen herzlichen Ton und reagiert viel lieber auf einen freundlichen Besitzer. Nicht die Lautstärke, sondern die Souveränität des Zweibeiners entscheidet darüber, ob der Hund ihn ernst nimmt oder nicht.

Eine Frau geht mit ihrem Westhighland Terrier durch den Park. Aus einem Seitenweg kommt ein Mann mit seinem zotteligen Briard. Plötzlich verschwinden beide Vierbeiner in einem nahen Gebüsch. Die Frau ruft mit freundlicher Stimme, und schon kommt ihr Hund entspannt angelaufen. Der Mann dagegen ruft nur einmal freundlich und wiederholt den Befehl kurz darauf brüllend, mit dem Ergebnis, dass sein Briard nur langsam auf ihn zukommt. Man merkt ihm an, wie ungern er gefolgt hat und dass er nur kommt, um Schlimmeres zu vermeiden. Der Mann ist verblüfft über den Westi. Er hätte nie geglaubt, dass Hunde folgen, wenn man freundlich bleibt. Das ist nicht ungewöhnlich, zumal Vierbeiner ein viel besseres Gehör als Menschen haben! Deshalb gibt es wirklich keinen Grund, laut zu werden. Der Mann nimmt sich vor, beim nächsten Mal freundlich zu bleiben. Die nächste Gelegenheit bietet sich ein paar Meter weiter. Interessiert steht sein Hund vor einem Baum, in dem ein Eichhörnchen herumspringt. »Komm weiter! Hierher!«, ruft er in freundlichem Ton. Und siehe da, nach dem zweiten Ruf läuft sein Vierbeiner in seine Richtung, und beide gehen gemeinsam weiter.

Oft kommt es vor, dass der Hund etwas vom Boden frisst. Auch wenn es nicht erwünscht ist, muss man ihn nicht in barschem Ton anbrüllen: »Lass das liegen, komm augenblicklich hierher!« Ein energisches »Pfui!« würde ausreichen. Wendet er sich ab, sollte der Besitzer nicht vergessen, ihn sofort dafür zu loben. Eine Bestätigung unterstützt das erwünschte Verhalten des Hundes und verhindert das unerwünschte eher, als wenn man ihn lediglich durch einen strengen Tonfall korrigiert. Ein Hund reagiert darauf meist mit Meideverhalten und Beschwichtigung, indem er sich beispielsweise wegdreht, schnüffelt und langsam auf den Besitzer zuläuft (siehe auch: **Beschwichtigungssignale**).

Nun gibt es aber Menschen, die von Natur aus einen lauten und strengen Ton haben, an den sich der Vierbeiner mit der Zeit gewöhnt. Entscheidend ist, dass diese Besitzer ständig so mit ihrem Hund reden und nicht nur, wenn er einen Befehl befolgen soll. Generell gilt, dass alle Hunde, vor allem die sensiblen, besser lernen, wenn sie in einem ruhigen und freundlichen Ton angesprochen und erzogen werden.

Kotfressen deutet immer auf eine Mangelerscheinung hin

Eine Hundebesitzerin stört es sehr, dass ihr Junghund draußen unentwegt Kot frisst. Es ist egal, ob es Katzenkot ist, der von Artgenossen oder Fäkalien auf dem Feld. Das ekelt sie, vor allem, weil ihr Hund ihr übers Gesicht leckt, sobald sie sich zu ihm hinunterbeugt. Einen entspannten Spaziergang gibt es daher schon lange nicht mehr, da sie immer wieder Ausschau nach Tretminen hält, um sie noch vor ihrem Vierbeiner zu entdecken. Etwas muss sich ändern, und so recherchiert sie in einem Internetforum nach möglichen Ursachen. Sie stößt immer wieder auf die gleiche Erklärung: Hunde, die Kot fressen, haben eine Mangelerscheinung. Daher stellt sie das Futter auf ein qualitativ hochwertiges Produkt um, damit sie einen Vitamin- und Mineralienmangel ausschließen kann (siehe auch: **Ernährung**).

Doch können auch viele andere Gründe vorliegen. Bekommt irgendein Artgenosse beispielsweise ein Futter, das Lockstoffe wie Zucker enthält, werden diese mit ausgeschieden. Ein anderer Hund riecht sie in dessen Kot und wird ihn daher fressen, obwohl er kerngesund ist.

Beginnt bereits ein kleiner tapsiger Vierbeiner, Katzenkot zu fressen, oder schnuppert er auffallend intensiv an einem fremden Haufen, hält ihn meistens sein Mensch davon ab, indem er ihm erklärt, dass dies sehr unappetitlich ist. Möglicherweise lenkt er ihn zusätzlich mit einem Leckerli ab. Unschwer lernt der Hund dadurch, dass er nur Interesse an Kot zu zeigen braucht, damit er die volle Aufmerksamkeit seines Zweibeiners oder sogar ein Leckerli bekommt. Denn der Mensch hat zu sehr auf das unerwünschte Verhalten reagiert und es unabsichtlich verstärkt.

Wesentlich sinnvoller ist es, ihn bei seinen ersten Versuchen durch einen Schreckreiz davon abzubringen (siehe auch: **Strafen**). Hat er bereits gelernt, dass er auf das Wort

»Nein!« das unterlässt, womit er sich gerade beschäftigt, kann das eine erfolgreiche Maßnahme sein (siehe auch: »**Nein!**«). Meidet er durch die Korrektur den Kot, muss ein Lob erfolgen, dadurch lernt er, dass sich das Meiden und nicht das Fressen lohnt.

Eine andere Bedeutung hat es, wenn ein Hund seinen eigenen Kot frisst. Dies kann beispielsweise vorkommen, wenn der Hund in einer Zwingerhaltung lebt. Auch das hat mit einer möglichen Mangelerscheinung nichts zu tun. Aufgrund der Haltungsbedingungen ist er unterfordert, langweilt sich und hat keine andere Beschäftigung. Das zeigt, dass Zwingerhaltung kaum artgerecht ist und der Hund zumindest Gelegenheiten haben sollte, seine Tagesration an Futter zu erarbeiten. Dies kann beispielsweise durch einen Leckerliball oder Kong erfolgen, da er sich damit länger beschäftigen kann. Ebenso braucht er abwechslungsreiche Gassigehrunden und die Aufmerksamkeit seines Menschen (siehe auch: **Artgerecht**). Ändern sich seine Lebensumstände, wird er aufhören, Kot zu fressen. Es gibt eine einzige Ausnahme: Bei einer Hundemutter ist es völlig normal, dass sie in den ersten Tagen den Kot ihrer Welpen frisst.

Nicht nur, dass der Mensch es eklig findet, das Kotfressen birgt auch Risiken für den Vierbeiner. Denn auf diese Weise können Wurmeier wie auch Parasiten übertragen werden. Deshalb sollte das Kotfressen unbedingt jedem Hund abgewöhnt werden.

Hunde können nur die **Körpersprache** ihrer Artgenossen erkennen

Menschen reden miteinander, wenn sie sich mitteilen wollen. Sie achten auf die Worte – ihren Inhalt, ihre Betonung – und kaum auf die Körpersprache ihres Gegenübers. Im Gegensatz hierzu verständigen sich Hunde mit ihren Artgenossen fast ausschließlich nonverbal. Genauso kommuniziert der Vierbeiner auch mit seinem Menschen. Und nicht nur das. So wie er bei seinen Artgenossen auf die Körpersprache achtet, so lernt er sie auch bei den Menschen zu deuten. Denn es ist ein Irrtum zu glauben, dass Hunde nur die ihrer Artgenossen »lesen« können. Auch wenn viele Hundebesitzer überzeugt sind, ihr Liebling würde wirklich jedes Wort verstehen, so kann man das getrost als Einbildung abtun. Was er mit der Zeit im Zusammenleben immer besser versteht, sind die menschlichen Zeichen, nicht die Bedeutung der einzelnen Worte (siehe auch: **verstehen**).

Ein Pudel hat das Glück, bei einem Menschen zu leben, der viel mit den Armen und den Fingern »spricht«. In seinem Gesicht lässt sich jede Reaktion wie in einem offenen Buch ablesen. Ruft er freudig seinen Liebling, verdeutlicht er das Kommando, indem er seinen Arm anwinkelt, seine Hand vor dem Bauch hält und mit dem Zeigefinger Richtung Boden zeigt. Gehen sie im Park spazieren, läuft sein Halter selbstsicher und in aufrechter Haltung, sodass er seinem Hund vermittelt, dass der sich an ihm orientieren kann. Machen sie ein Suchspiel, streckt er seinen Arm aus und zeigt wortlos in die Richtung, in der er das Leckerli versteckt hat (siehe auch: **Suchspiele**). Ein solcher Umgang mit einem Hund ist vorbildlich! Denn Hunde verstehen bekanntlich Zeichen besser als verbale Kommandos. Das kann jeder Hundebesitzer selbst ausprobieren, indem er die verbalen Befehle durch ein Handzeichen unterstützt. Er lässt den Hund »Sitz!« machen und hebt gleichzeitig den Zeigefinger nach oben. Nach einiger Zeit kann er das verbale Kommando weglassen, und der Hund wird allein durch das Handzeichen den Befehl ausführen. Dreht er sich dagegen mit dem Rücken zum Hund und sagt ausschließlich das Wortkommando, wird der Vierbeiner wahrscheinlich stehen bleiben.

Gerade bei tauben Hunden kann man sehen, wie gut sie mit und von ihrem Menschen über die Körpersprache lernen. Denn könnten sie nur ausschließlich mit ihren Artgenossen kommunizieren, hätte der Mensch keine Möglichkeit, einem tauben Vierbeiner etwas beizubringen. Das ist jedoch keineswegs der Fall. Sollen sie lernen, auf ihrer Decke zu bleiben, kann man ihnen das problemlos durch Körpersprache und Handzeichen zeigen. Auch ist es von Vorteil, wenn Menschen bereits mit ihrem jungen Hund körpersprachlich agieren. Alte Hunde werden oft schwerhörig und sind dann immer noch in der Lage, Kommandos zu befolgen.

Interessant ist, dass gleiche Körpersignale bei Mensch und Hund eine andere Bedeutung haben, beispielsweise das Gähnen. Der Mensch ist nur müde, der Vierbeiner beschwichtigt aber auch damit. Der Mensch dreht seinen Kopf weg, wenn er ein Geräusch aus einer anderen Richtung hört oder etwas sieht, was ihn interessiert. Für den Vierbeiner kann es die Bedeutung haben, dass er von seinem Menschen ignoriert wird. Auch zeigt das Kopfwegdrehen unter Hunden klar die Führungsstärke eines erwachsenen Tieres.

Nicht nur, dass Vierbeiner ihre Menschen ganz genau beobachten, um ihre Körpersprache zu deuten, sie teilen sich ihnen auch körpersprachlich mit.

L

Landleben ist für Hunde immer das Paradies

Wie oft bedauern Hundebesitzer, die auf dem Land wohnen, Hunde in der Stadt. Sie sind der Meinung, dass die Vierbeiner ihren Bewegungsdrang nicht ausleben können, in vielen Städten an der Leine geführt werden müssen und meist statt schönen Feldwegen nur Beton unter den Pfoten haben. Auf einige mag das zutreffen. Doch erleben die meistens Stadthunde mit ihren Menschen viel mehr gemeinsam als so mancher Landhund. Denn es ist ein Irrtum zu glauben, dass das Landleben für den Hund immer das Paradies ist. Gehen in der Stadt lebende Vierbeiner mit ihrem Menschen spazieren, ist das sehr abwechslungsreich. Sie nehmen jeden Tag neue Gerüche auf und treffen immer wieder andere Artgenossen im Park. Der Landhund dagegen hat viel weniger Vielfalt. Selten begegnen sich in der ländlichen Idylle Hunde beim Gassigehen, und wenn doch, treffen meist dieselben aufeinander. Auf Dauer wird auch das für die Vierbeiner reizlos. Wobei sie schon wüssten, wie sie der Eintönigkeit entgehen könnten: Nach Lust und Laune mitten auf dem Feld nach Mäusen graben und einen Jagdausflug zum Wild, das wäre ihr hündisches Paradies. Aber weder der Bauer, noch der Jäger und schon gar nicht ihre Menschen sind für diese Ideen zu begeistern. Stattdessen erlebt ein Hund immer wieder den gleichen Spaziergang, auf dem er beim »Zeitungslesen« nichts Neues erfährt. Somit kennt er jeden Grashalm und alle Gerüche.

Um seinem Liebling auf dem Land ein echtes Paradies bieten zu können, sollte sein Besitzer für Abwechslung sorgen. Denn die besseren Voraussetzungen bietet das Ländliche grundsätzlich schon. Wie viele Menschen am Wochenende gern einen Ausflug in die Berge machen, so liebt es der Hund genauso, wenn er etwas Neues erfahren darf. Erlebt der Vierbeiner mit seinem Zweibeiner auf dem Land spannende, abwechslungsreiche Spaziergänge, bei denen er beschäftigt wird, ist sein Leben wirklich paradiesisch.

Läufige Hündinnen können drei Wochen lang gedeckt werden

Irgendwann kommt die Zeit, in der Hündinnen läufig werden. Das geschieht je nach Rasse ab dem sechsten Monat und ist in der Regel zweimal im Jahr der Fall. Meist bemerken Hundebesitzer den ersten Zyklus nicht, da nicht immer eindeutige Anzeichen erkennbar sind.

Einige Halter gehen davon aus, dass eine Hündin die gesamten drei Wochen der Hitze gedeckt werden kann. Das ist nicht richtig! Wirklich deck- und aufnahmebereit ist sie nur in ihrer Standhitze, die ungefähr fünf Tage dauert. Der Hundebesitzer erkennt diese heikle Phase daran, dass aus dem anfangs blutigen Scheidenausfluss gegen Ende der Läufigkeit ein blasses Sekret wird. Ein untrügliches Zeichen ist auch das Berühren der Schwanzwurzel, denn daraufhin wird die Hündin die Paarungsaufforderungsstellung einnehmen, indem sie ihren Schwanz zur Seite dreht. Wenn der Halter sich nicht sicher ist, wann die heißen Tage sind, sollte er die Hündin am besten während der gesamten Läufigkeit an der Leine führen.

Natürlich gibt es noch einen anderen untrüglichen Beweis für ihren Zustand – die Rüden der Umgebung. Während der gesamten Zeit hinterlässt die Hündin eine deutliche Spur und markiert verstärkt, sodass sie jeder Rüde leicht findet. Nähern sie sich einer Hündin, die noch nicht bereit ist, werden sie meistens von ihr weggeschnappt. Beginnt die Hündin ungewöhnlich gern mit Rüden zu »flirten«, sucht ihre Nähe und lässt gern ihr Geschlechtsorgan beschnuppern, ist das ein sicheres Zeichen. Schiebt sie noch dazu ihr Hinterteil zu ihnen hin oder lädt sie zum Spielen ein, ist sie eindeutig paarungsbereit. Beide würden dann auch nicht mehr hören, wenn die Besitzer rufen, sondern sich sozusagen in die Büsche schlagen.

Erwischt man die Hündin mit einem Rüden, der sie bereits bestiegen hat, können beide noch getrennt werden. Hängen sie zusammen, darf man das nicht mehr tun.

Da die Zeit mit einer läufigen Hündin stressig sein kann, ist Haltern zu empfehlen, in abgelegenen Gebieten oder im Wald spazieren zu gehen.

Leinen aller Art sind empfehlenswert

Eine elegante Anwältin besitzt einen Akita Inu. Diese Rasse hatte bereits in dem Film *Hachiko* mit Richard Gere ihr Herz erobert. Sie tut alles für ihren Liebling und möchte das Nonplusultra an Leine haben. Nachdem sie mehrere Internetportale besucht hat, ist sie sicher, dass es egal ist, welche Leine sie benutzt. Hauptsache, die Farbe passt zu ihrem Liebling und zu Frauchens Garderobe. Das ist jedoch ganz und gar nicht ausreichend! Denn die verschiedenen Leinen haben sehr unterschiedliche Vor- oder Nachteile.

Das muss die Anwältin bald erfahren, als sie mit ihrem Junghund in ein Café geht. Während sie ein Gespräch führt, ist sie stolz darauf, dass ihr Hund so ruhig auf seinem Platz liegen bleibt. Doch als sie aufstehen will, sieht sie mit Entsetzen, dass er inzwischen die Stoffleine durchgebissen hat und zwei Tische weiter mit Kuchen verwöhnt wird.

Deshalb sind für Welpen, die anfangs ihre Leine anknabbern, Kettenleinen nützlich.

Neben einer normalen verstellbaren Führleine hat sich die Anwältin schließlich noch für eine Ausziehleine entschieden. Diese hat jedoch den Nachteil, dass der Hund einem permanenten Zug ausgesetzt ist. Das erschwert das Training, wenn er lernen soll, locker an der Leine zu gehen. Außerdem bekommt der Vierbeiner jedes Mal einen Ruck zu spüren, wenn Frauchen den Feststeller betätigt. Ist die Anwältin mit ihrem Akita Inu im Park und kommen Leute oder Fahrradfahrer nah an ihm vorbei, hat sie oft Schwierigkeiten, die Leine schnell genug einzurollen. Zudem kann der Mechanismus auch versagen.

Viele Hundebesitzer sind von der Retriever-Leine Freestyle begeistert, doch sollten sie nur Vierbeiner tragen, auf die man sich wirklich verlassen kann. Die Leine und das Halsstück sind aus einem Stück und mit einem Stopper versehen. Leint man den Hund ab, trägt er auch kein Halsband mehr, was nicht immer von Vorteil ist, beispielsweise wenn man ihn kurz festhalten will, um eine Straße zu überqueren. Die Freestyle-Leine eignet sich besser für ausgebildete Wasserjagdhunde, damit sie im Einsatz nicht an Ästen hängen bleiben können. Auch beim Hundesport ist sie gut einsetzbar, weil der Vierbeiner währenddessen weder Halsband noch Leine braucht (siehe auch: **Hundesport**).

Jogger benutzen gern die sogenannte Joggingleine, damit ihr Vierbeiner ihr Tempo mitmacht und sie die Hände beim Laufen frei haben. Sie besteht aus einem Bauchgurt und einer Leine, die mit einem Expander ausgestattet ist, sodass sie bei Zug nachgibt. Im Alltag ist sie weniger praktisch, da man nicht gegenhalten und den Hund abrupt stoppen kann wie mit einer normalen Leine.

Viele Hundebesitzer benutzen gern die Schleppleine, wenn sie ihren Vierbeiner nicht ableinen können. Sie ist allerdings nur ratsam, wenn der Hund ein gut sitzendes

Brustgeschirr trägt und sie aus Baumwolle ist (siehe auch: **Schleppleine**). Die langen neonfarbenen Leinen, die man immer häufiger sieht, sind aus Kunststoff und wetterbeständig. Doch sobald es regnet, werden sie sehr glitschig. Generell ist eine durch Ringe in der Länge verstellbare Führleine empfehlenswert, weil sie für jede Situation passend ist.

Junge Hunde können die **Leinenführigkeit** noch nicht lernen

Ein fünf Monate alter Cocker Spaniel macht seinem Besitzer richtig viel Freude. Dieser kann sich ein Leben ohne seinen süßen, tapsigen Kerl mit den langen Schlappohren nicht mehr vorstellen. Mittlerweile kennt sich der Junghund in seiner gewohnten Umgebung gut aus und ist um einiges munterer und frecher geworden. Als Welpe lief er seinem Herrchen noch brav hinterher, nun will er wissen, wie es woanders riecht; die große weite Welt macht ihn sehr neugierig. Also muss der Cocker Spaniel wohl oder übel an der Leine bleiben. Leider fängt er nach kurzer Zeit zu keuchen an, und sein Herrchen ist unglücklich darüber, wie anstrengend das Gassigehen geworden ist. Er glaubt, dass es nicht möglich ist, einem noch so jungen Hund das lockere Gehen an der Leine beizubringen. Das stimmt nicht! Bereits Junghunde können sehr gut die Leinenführigkeit lernen, auch wenn man natürlich noch nicht erwarten kann, dass sie perfekt an der Leine gehen. Gerade in dieser Altersstufe sind die Hunde aufnahmefähiger und verknüpfen schneller.

Würde der Mann seinen Cocker Spaniel noch einige Monate an der Leine ziehen lassen, bringt er ihm unbewusst bei, dass das Ziehen erwünscht ist. Je länger er dies dem Vierbeiner durchgehen lässt, umso schwieriger wird es, ihm das wieder abzugewöhnen.

Wie bringt man einem Hund also die Leinenführigkeit

bei? Erst einmal kann es jedem Hund unabhängig vom Alter auf die gleiche Weise gelehrt werden. Das betrifft selbstverständlich auch den Vierbeiner, der immer an der Leine zieht. Trägt er dabei ein Halsband und benutzt der Mensch eine Führleine, erleichtert es das Training. Eine Rollleine ist ungeeignet, denn sie kann nicht durchhängen, weil sie permanent auf Zug ist (siehe auch: **Leinen**).

Bevor der Halter mit seinem Vierbeiner startet, sollte er in einer Hand die Leckerlis und in der anderen die Leine halten (siehe auch: **Futterbelohnungen**). Sein Hund sollte auf der Seite mit der Futterhand gehen. Auch ist es für seinen Liebling leichter, wenn er während des Trainings immer auf derselben Seite bleibt. Dann gehen beide los, ohne dass der Hund verbal dazu aufgefordert wird. Ist die Leine bei den ersten Schritten locker, bestätigt der Halter dies sofort mit einem Leckerli. Beginnt sein Hund zu ziehen, bleibt er abrupt stehen. Nach kurzer Zeit wird sich der Vierbeiner zu ihm umdrehen, sich vielleicht hinsetzen und ihn erwartungsvoll ansehen, weil er nicht vorwärtskommt. Sein Mensch sollte ihm dann durch sein Weitergehen signalisieren, dass er richtig reagiert hat. Hängt die Leine durch, wird der Vierbeiner mit Worten und einer Futterbelohnung gelobt. Bleibt er aber genauso erstarrt stehen wie sein Zweibeiner und würdigt ihn keines Blickes, geht der Besitzer ein paar Schritte rückwärts, sodass sein Hund auf ihn zugehen muss. Dafür wird er nur verbal gelobt, sonst ist er der Meinung, dass das Kommen erwünscht ist. Anschließend gehen sie wieder weiter. Hängt dabei die Leine durch, gibt es einen Belohnungshappen. Diese Abfolge wird ständig wiederholt, ohne dabei ein Kommando zu geben. Geht man nicht immer geradeaus, sondern auch mal Kurven, erleichtert es dem Vierbeiner zu verstehen, was von ihm erwartet wird. Dadurch, dass nur das lockere Gehen an der Leine bestärkt wird, lernt er, sich dem Tempo seines Menschen anzupassen und sich auf ihn zu konzentrieren.

Beim täglichen Training während des Gassigehens sollte der Hundebesitzer darauf achten, dass der Hund keine Möglichkeit mehr für erfolgreiches Ziehen bekommt. Wenn die Spaziergänge in der Übungsphase kürzer werden, ist das in Ordnung, denn für den Hund ist das Training ziemlich anstrengend. Schließlich wird man einen Hund haben, der locker an der Leine geht.

Hunde **lernen** nur in Verbindung mit ihrem Menschen

Eine Familie besitzt einen zauberhaften Tibet-Terrier-Welpen. Der schwarze Wuschel ist sehr lebhaft. Da die Familie immer gut erzogene Vierbeiner besaß, fangen sie auch bei ihm sofort mit der Erziehung an. Als gelehriger Welpe macht er gut mit, und sie sind begeistert, wie schnell er »Sitz!« gelernt hat und auch sofort loslassen kann, wenn sie »Aus!« sagen. Nach ein paar Wochen fällt ihnen auf, dass er in letzter Zeit immer um Punkt sechs Uhr abends an der Haustür steht und erwartungsvoll mit dem Schwanz wedelt. Erstaunlicherweise fährt fünf Minuten später Herrchen das Auto in die Garage und sperrt die Haustür auf. Niemand aus der Familie hat es dem Vierbeiner beigebracht, und keiner hat ihm verraten, dass Herrchen gleich kommt! Der Tibet-Terrier hat durch die tägliche Routine von sich aus gelernt, dass sein Mensch immer um dieselbe Zeit erscheint. Auch lohnt es sich für ihn zu warten, weil er herzlich vom Familienvater begrüßt wird. Hunde lernen also nicht nur in Verbindung mit ihrem Menschen, sondern auch selbstständig.

Anhand von Mimik, Gestik und Auftreten kennen sie ihren Besitzer in- und auswendig, sie können ihn perfekt einschätzen und durchschauen (siehe auch: **Körpersprache**). Dafür braucht er das Geschehen nicht aktiv zu beobachten, sondern er merkt auch alles, wenn er döst. Ein Collie-Mix wird zum Beobachtungsexperten, wenn sein Mensch am Computer sitzt und arbeitet. Der Hund liegt währenddessen entspannt auf seiner Decke. Sobald sein Besitzer aufsteht, um sich zur Erholung auf die Couch zu legen, holt der Hund einen Ball und bringt ihn ihm. Dadurch, dass er prompt geworfen wird, hat er gelernt, den richtigen Moment für sich zu nutzen. Diese Begabung, ihren Besitzer zu manipulieren, haben Hunde. Dabei ist es egal, ob sie den Ball anscheinend absichtslos unter die Couch kullern lassen, damit ihr Mensch ihn holt, oder so lange fiepen, bis sie einen Kauknochen bekommen.

Auch achten Hunde darauf, dass sie nicht vergessen werden! Der Familienhund liegt in seinem Körbchen, während die Menschen gemeinsam essen. Sie sitzen noch gemütlich beisammen und fangen gerade an, die Teller aufeinanderzustapeln. Ertönt das Geräusch des klappernden Geschirrs, eilt der Vierbeiner auf der Stelle in die Küche und wartet geduldig neben seinem Napf, bis er etwas zu fressen bekommt. Andere wissen, wann ihre Gassigehzeit ist, weil sich Frauchen ihre Joggingsachen anzieht. Bevor die Schuhe zugeschnürt sind, hat sich ihr Liebling schon die Leine vom Garderobenschrank geholt und hält sie erwartungsvoll im Maul.

Hunde lernen ihr Leben lang. Doch da der Hund in einer Beziehung mit dem Menschen lebt, ist es ihm am liebsten, dies mit seinem Besitzer gemeinsam zu tun.

M

Bereits wenig Futter löst eine **Magendrehung** aus

Auf einem Hundeplatz übt eine Hundebesitzerin mit ihrem jungen Dobermann Kommandos und Tricks. Für das richtige Ausführen bekommt er immer Leckerlis. Es klappt prima. Doch auf einmal läuft er zu einem anderen Artgenossen, und beide fangen ein ausgelassenes Spiel miteinander an. Sofort ruft sie ihren Hund und rennt hinter ihm her, um ihn vom Spielen abzuhalten. Sie meint, dass wenig Futter bereits eine Magendrehung auslösen kann. Doch sie muss sich zu diesem Zeitpunkt noch keine Sorgen machen. Auch wenn die Magendrehung eine ernst zu nehmende Gefahr ist, tritt sie erst ein, wenn der Hund eine große Menge gefressen hat und dann übermäßig aktiv ist. Ein paar Gramm Leckerlis sind dafür kein Auslöser. Außerdem ist nicht jeder Hund dafür prädisponiert. Es können zwar ebenso kleine und mittelgroße Vierbeiner eine Magendrehung bekommen, aber besonders große Rassen gehören zur Risikogruppe. Meist sind es die mit einem schmalen, tiefen Brustkorb wie beispielsweise die Dogge, der Dobermann, der Deutsche Schäferhund, der Bernhardiner, der Berner Sennenhund oder auch manche Mixe aus diesen Rassen. Haben Vierbeiner ein eher schlaffes Bindegewebe, können sie ebenso gefährdet sein, da der Hundemagen aufgehängt ist und nicht fest sitzt. Das kann unter anderem bei älteren Tieren vorkommen, da sie nicht mehr so agil sind.

Doch egal in welchem Alter können Hunde auch in der Ruhephase eine Magendrehung bekommen. Drehen sie sich beispielsweise nach der Fütterung auf den Rücken, wälzen sie sich langsam von links nach rechts, kann der Magen sich um die eigene Achse drehen und aufgasen, was zu einem Verschluss führt.

Hierfür gibt es typische Symptome: Der Vierbeiner ist sehr unruhig, möchte sich hinlegen, steht aber gleich wieder auf. Er fängt an zu speicheln und übergibt sich immer wieder erfolglos. Auch bläht sich sein Bauch auf und wird hart. Klopft man darauf, hört es sich wie bei einer Trommel an. Man sieht dem Hund an, dass er große Schmerzen hat. Er muss dann sofort zum Tierarzt, denn eine Magendrehung ist lebensgefährlich! Der Arzt kann anhand einer Röntgenaufnahme diese eindeutig erkennen und sofort operieren.

Um die Gefahr zu minimieren, ist es gerade bei anfälligen Hunden sehr sinnvoll, sie täglich zwei- bis dreimal zu füttern, sodass sich nur kleine Essensmengen im Magen befinden. Auch sollte es jedem Hund angewöhnt werden, nach der Mahlzeit mindestens eine halbe Stunde ruhig zu liegen. Versucht der Vierbeiner dennoch, seinen Menschen zum Spielen aufzufordern, sollte dieser keinesfalls darauf eingehen. Tobt sein Hund immer noch herum, sollte er abgelegt oder angeleint werden, bis er gelernt hat, Ruhe zu geben. Eine solche Siesta ist keine Strafe für ihn, sondern von der Natur so vorgesehen. Denn selbst viele Wildtiere wie Wölfe oder Bären ruhen nach dem Fressen. Generell sollten Vierbeiner erst nach dem Spaziergang oder dem Training gefüttert werden.

In der Regel tritt eine Magendrehung verhältnismäßig selten auf.

Kleine Hunde brauchen in der kalten Jahreszeit unbedingt einen **Mantel**

Normalerweise beginnt spätestens im November die kalte Jahreszeit, und es muss mit Minusgraden gerechnet werden. Eine Hundebesitzerin mit einem Schäfer-Mix und einem Yorkshire Terrier ist darauf gut vorbereitet. Obwohl sich die Suche schwierig gestaltet, findet sie schließlich für ihren Kleinen den geeigneten Wintermantel. Im Internet gibt es den Hundeparka, den wärmenden Hundestrickpulli, den Pulli mit Schal oder das Mäntelchen mit einem extra warmen Fleece. Für jede Saison gibt es das Passende – den Sportsweater, den Freizeitdress oder das Wohlfühl-Poloshirt; nicht zu vergessen die diversen Regenjacken. Sie entscheidet sich für ein Wasser und Schnee abweisendes Wintermäntelchen mit silbernen Pfotenabdrücken als Reflektoren. Zusätzlich ist es mit einem Kunstfell gefüttert, das ihren Liebling garantiert nicht mehr frieren lässt. Als es geliefert wird, muss es sofort anprobiert werden. Sie ist begeistert, wie hübsch ihr Kleiner darin aussieht. Jetzt hat sie nur noch das Problem, dass sie nicht weiß, ab wann ihr Liebling sein neues Outfit anziehen soll. Friert er bereits bei null Grad oder erst bei minus fünf? Sie selbst ist eine Frostbeule und trägt ihre Daunenjacke bereits ab plus acht Grad. So beschließt sie, ihm das Mäntelchen lieber zu früh als zu spät anzuziehen.

Doch es ist ein weitverbreiteter Irrtum, dass kleine Hunde in der kalten Jahreszeit unbedingt einen Mantel brauchen. Sind sie gesund, kann es sogar schädlich sein. Denn zwischen Boden und Bauch ist wenig Abstand, wodurch schnell Schnee in den Mantel gerät und die Körperunterseite dann den gesamten Spaziergang über nass ist. Ein weiterer Nachteil ist, dass der Mantel selten den ganzen Bauch bedecken kann. Kälte und vor allem Nässe können daher zu Gesundheitsproblemen wie zum Beispiel einer Blasenentzündung führen.

Vor allem Hundebesitzerinnen sind davon überzeugt,

dass ihr Liebling das Mäntelchen gern trägt und dass er damit sehr schick aussieht. Leider scheinen sie den unglücklichen Gesichtsausdruck ihres Vierbeiners nicht zu bemerken, da die Hunde die Prozedur meist geduldig über sich ergehen lassen.

Verblüffend ist, dass die Besitzerin des Yorkshire Terriers, wie viele Halter von großen Hunden, bei ihrem Schäfer-Mix gar nicht auf die Idee käme, dass er auch einen Mantel bräuchte.

Schaut man sich draußen um, gibt es eine Menge kleiner Vierbeiner, die keinen Mantel tragen und trotzdem gesund sind. Hätte die Mantelfraktion recht, müssten die Tierarztpraxen im Winter überfüllt sein von schniefenden, hustenden Vierbeinern. Bewegen Hunde sich draußen viel und stehen nicht lange still, ist ihnen ausreichend warm.

Es gibt natürlich Ausnahmen wie den Englischen Whippet und andere Windhunderassen, die auf jeden Fall ein Mäntelchen brauchen. Jedoch entscheidet nicht die Größe allein darüber, ob Hunde im Winter Probleme bekommen. So brauchen diejenigen, die ein sehr dünnes Fell haben und so gut wie keine Unterwolle produzieren, bei Kälte einen Schutz. Auch vierbeinige Senioren, die nur noch sehr langsam laufen können und öfter stehen bleiben, freuen sich über einen wärmenden Mantel. Stellt der Tierarzt Rückenprobleme fest, tut man dem Vierbeiner in der nasskalten Zeit damit etwas Gutes – dem kleinen wie dem großen. Wenn einem Hund richtig kalt ist, zittert er wie Espenlaub und sollte einen Mantel tragen. Hätte der gesunde, lebhafte Hund mit ausreichendem Fell die Wahl, würde er mit Sicherheit liebend gern auf ein derartiges Outfit, egal ob bei Kälte oder Regen, verzichten.

Ein **Maulkorb** ist für Ausnahmefälle und braucht keine Gewöhnung

Immer wieder kommt der ein oder andere Hundebesitzer in eine Situation, in der sein Vierbeiner einen Maulkorb tragen muss. Meist wird dem Hund dieser ohne größeres Überlegen einfach übergezogen. Diese Halter sind der Meinung, ihr Liebling braucht sich gar nicht daran zu gewöhnen, da es sich um Ausnahmefälle handelt. Das stimmt so nicht! Damit der Vierbeiner den Maulkorb akzeptiert, ist es auch notwendig, ihn damit vertraut zu machen.

Trägt ein Mensch zum ersten Mal Schlittschuhe, fühlt er sich unsicher und unbehaglich auf dem Eis. Genauso geht es dem Hund, da er einen Maulkorb nicht kennt, ist er ihm von Haus aus unangenehm. Deshalb muss ihm das Tragen in kleinen Schritten angewöhnt werden. Setzt man den Maulkorb dazu noch im verkehrten Moment ein, entsteht schnell eine falsche Verknüpfung. Will zum Beispiel ein Hundebesitzer verhindern, dass sein Vierbeiner in Zukunft Artgenossen beißt, bekommt er immer dann den Maulkorb um, sobald in der Ferne ein hündischer Feind auftaucht. Klar, was sich sein Vierbeiner dabei denkt: ein höchst unangenehmer Gegner, dieser Kerl! Außerdem versucht er den Maulkorb wieder loszuwerden. Währenddessen lässt er den Artgenossen nicht aus den Augen und zeigt weiterhin, dass er ihn zum Fressen gern hat. Ist der Feind weg und hat der Hund sich beruhigt, wird das für ihn unangenehme Hilfsmittel wieder abgenommen. Diese Abfolge führt der Hundehalter eine gewisse Zeit durch. Verwundert stellt er fest, dass keine Besserung auftritt. Im Gegenteil, das Verhalten seines Hundes wird immer extremer. Sein Mensch kann ihn kaum noch halten und versteht nicht, was er falsch gemacht hat. Der Vierbeiner hat jedoch gelernt, dass jedes Mal, wenn ein Feind erscheint, ihm das unangenehme Ding übergestülpt wird. Logischerweise gibt er dem Artgenossen die Schuld daran und wird noch aggressiver. Daher ist es wichtig, dass der Hund den

Maulkorb während des gesamten Spaziergangs trägt; so bringt er ihn nicht mit der Begegnung mit anderen Hunden in Verbindung. Außerdem kann sein Mensch nicht wissen, wann die nächste unangenehme Begegnung stattfindet. So sind beide, Zwei- und Vierbeiner, entspannter. Bei Verhaltensauffälligkeiten wie dieser sollte auf alle Fälle ein Hundeexperte aufgesucht werden (siehe auch: **Tierpsychologen**). Dieser kann alternative Trainingsmethoden aufzeigen.

Manchmal ist ein Maulkorb unerlässlich. Damit sich ein Hund an diesen gewöhnt, übt man zu Hause in kleinen Schritten. Zuerst lässt man ihn ein paar Leckerlis aus dem Maulkorb nehmen, um ihm diesen sozusagen schmackhaft zu machen. Funktioniert das, und der Hund zögert nicht, seine Schnauze hineinzustecken, ist der Anfang geschafft. Anschließend wird der Maulkorb für ein paar Sekunden geschlossen, und es gibt sofort einen Futterhappen durch das Gitter. Das wird mehrmals geübt, bevor der Korb minutenweise angelegt werden kann. Wichtig ist es, den Hund immer zu loben, ihm Futterbelohnungen zu geben und den störenden Korb wieder abzunehmen, bevor er für ihn unangenehm wird.

In einzelnen Großstädten und im öffentlichen Nah- und Fernverkehr im In- und Ausland besteht je nach Bestimmung Maulkorbpflicht. Will man mit seinem Vierbeiner auf Reisen gehen, ist es sinnvoll, sich vorher genau zu erkundigen. Ein paar Wochen vorher sollte mit dem Maulkorbtraining begonnen werden. Ebenfalls begrüßen es Tierärzte, wenn Hunde, die sich nicht leicht untersuchen lassen, an einen Maulkorb gewöhnt sind.

Mischlinge sind immer gesünder als Rassehunde

Einige Hundeliebhaber wollen aus verschiedenen Gründen nur eine bestimmte Hunderasse, andere finden Mischlinge gerade wegen ihres individuellen Aussehens wunderschön. Vor allem sind sie sich sicher, dass diese gesünder sind und länger leben als Rassehunde. Das stimmt leider so nicht.

Mischlinge können ebenso wie reinrassige Vierbeiner Krankheiten bekommen, auch von Erbkrankheiten bleiben sie nicht immer verschont. Ebenso achten viele Züchter verstärkt darauf, eine Rasse zu züchten, die frei von genetischen Defekten ist. So ist man mittlerweile bei der Mopszucht darauf bedacht, von der extrem platten Nase wegzukommen. Sind die Eltern eines Mischlings beispielsweise ein Schäferhund und ein Collie, kann er genauso wie ein reinrassiger Schäferhund die Ellbogen- oder Hüftdysplasie (ED, HD) – eine Gelenkfehlentwicklung – haben.

Eine läufige Beagle-Hündin ist entwischt und taucht nach einer gewissen Zeit wieder auf – mit Folgen. Nach ungefähr neun Wochen kommen sechs entzückende Welpen auf die Welt. Zwei sehen wie die Mutter aus, sie haben das glatte Fell und die typische Beagle-Zeichnung. Einer ist komplett braun und hat kürzere Beine. Die anderen drei haben einen auffällig langen Rücken, sind rauhaarig und besitzen eine spitzere Schnauze. Daher ist es naheliegend, dass wohl der Dackel aus der Nachbarschaft der Vater ist. Obwohl sie nicht reinrassig sind, können die Beagle-Dackel-Mixe trotzdem die Dackellähmung bekommen.

Bei vielen Mischlingen ist oft der Vater unbekannt, oder Elternteile sind bereits selbst ein Mix. Daher kann man nie zuverlässig sagen, welche Gene sich miteinander kombiniert haben, sprich, ob sie gesund bleiben werden oder nicht. Außerdem können bei den sogenannten Promenadenmischungen erhebliche körperliche Einschränkungen auftreten. Oft haben Basset-Jack-Russell-Welpen ein unproportionales Aussehen, ein schwerer Körper und ein langer Rücken müssen von den dünnen Beinen des Jack Russells getragen werden. Das kann auf Dauer zu Gelenkproblemen führen.

Damit Hundebesitzer einen gesunden Rassehund bekommen, sollten sie ihren Vierbeiner von einem seriösen Züchter holen, der Mitglied in einem Verband ist. Diese sollten nur Hunde zur Zucht zulassen, die seit einigen Generationen frei von Erbkrankheiten sind, und ihre Ahnentafel sollte dies auch ausweisen. Dadurch können sie gesünder sein als einige Mischlingsrassen, die beispielsweise ohne Impfschutz oder hochwertiges Futter aufgewachsen sind. Man sollte sich auch bei Mischlingen über die Herkunft, Aufzucht und wenn möglich über beide Elterntiere informieren, damit die Wahrscheinlichkeit hoch ist, dass sie ein langes, gesundes Leben haben (siehe auch: **Welpenkauf**).

N

Nackenschütteln ist eine sinnvolle Erziehungsmaßnahme

Viele Hundeliebhaber, die sich einen Welpen anschaffen, wollen in der Erziehung alles richtig machen. Sie finden in vielen Sachbüchern Beschreibungen zur Hundeerziehung. Doch leider haben sie nichts darüber gefunden, wie man dem kleinen Kerl, der voller Hingabe an der Couch kaut, dies abgewöhnen kann. Da fällt ihnen das Nackenschütteln als eine sinnvolle Erziehungsmaßnahme ein. Ein Griff in das Nackenfell, kurz hin und her geschüttelt – und der Welpe hat gelernt, dass er nichts mehr kaputt machen darf. Das ist vollkommener Unsinn! Nackenschütteln ist nicht nur eine unvertretbare Erziehungsmaßnahme, sondern ein absolutes Tabu! Es kommt aus dem Beuteverhalten. Schüttelt ein Artgenosse einen anderen, hat er die Absicht, ihn zu töten. Niemals würde ein Hund auf die Idee kommen, sein Gegenüber hierdurch zu maßregeln. Ein Hundebesitzer sollte sich bewusst machen, dass er mit diesem Griff seinen Vierbeiner in Todesangst versetzt. Was auch deutlich zu sehen ist: Der Hund zieht dabei seinen Schwanz ein, legt die Ohren an und winselt erbärmlich. Manch ein Hundeliebhaber meint, dass die Hundemutter ihre Jungen auch mit dem Nackenschütteln erzieht. Dies ist nicht der Fall! Sie nimmt sie zwar am Nacken, aber nur, um sie herumzutragen, solange sie Winzlinge sind. Deshalb sollte auch der Mensch seinen Hund weder am Nackenfell hochheben, noch schütteln. Jeder Vierbeiner wird durch das Nackenschütteln seinen Menschen meiden und ihm misstrauen. Dies kann keine Basis für eine gesunde Mensch-Hund-Beziehung sein.

Eine erzieherische Maßnahme, um klarzumachen, dass er mit etwas Unerwünschtem aufhört, ist das Setzen eines Schreckreizes (siehe auch: **Strafen**). Zieht der Vierbeiner beispielsweise die Tischdecke vom Tisch, lässt man einen Schlüsselbund oder ein Buch auf den Boden fallen. Der Hund darf nicht merken, wie und von wem das Geräusch ausgelöst wurde. Durch den kurzen Schreck hört der Vierbeiner mit seinem Vorhaben auf. Dafür wird er in der darauffolgenden Sekunde ausgiebig gelobt.

Zusätzlich würde es helfen, wenn der Besitzer mehr das erwünschte Verhalten lobt, als das unerwünschte zu bestrafen. Denn jede körperliche Züchtigung dem Hund gegenüber mindert das Vertrauen und führt zu keiner engen und guten Beziehung zwischen Mensch und Hund.

»Nein!« reicht für eine Verhaltensänderung

Fragt man Hundebesitzer, wie oft sie am Tag »Nein!« zu ihrem Hund sagen, ähneln sich die Antworten. Die meisten verwenden den Befehl unzählige Male. Natürlich ist dies abhängig vom Alter des Hundes. Je jünger er ist, desto öfter hört er das bekannte »Nein!«.

Eine Hundebesitzerin hat eine französische Bulldogge. Im Brustton der Überzeugung sagt sie im Park zu anderen Hundehaltern, dass ihr Kleiner sehr gelehrig ist, weil er »Nein!« gut versteht. Versucht er zu Hause die Blätter der Zimmerpflanzen abzuzupfen oder knabbert er Löcher in die Kissen, braucht sie nur »Nein!« zu sagen, und er lässt davon ab. Die anderen Hundehalter bestätigen ihr, wie praktisch das Wort sei, damit ihre Vierbeiner gewisse Unarten sein lassen. Doch ist das wirklich so, dass ein

Hund sein Verhalten ändert, wenn er »Nein!« hört? Sicher nicht!

Hunde wissen nur, dass sie besser mit dem, was sie gerade tun, aufhören. Da der Besitzer das Wort meist streng sagt, energisch auf seinen Liebling zugeht und sich nach vorn beugt, wirkt es auf den Vierbeiner bedrohlich. Beinahe jeder Halter muss zugeben, dass es ihm nicht gelingt, mithilfe von »Nein!« dem Hund Unarten dauerhaft abzugewöhnen. Denn der Vierbeiner kennt die Bedeutung nicht! Man kann sie ihm allerdings beibringen. Im täglichen Umgang sollte das kleine Wörtchen anfangs vermieden und nur im Training benutzt werden. Dazu nimmt man ein Leckerli auf die offene Handfläche, das der Hund natürlich gleich haben will. Bevor er es ergattern kann, schließt man die Hand und sagt »Nein!«. Weicht der Vierbeiner daraufhin zurück, öffnet der Besitzer seine Faust und erlaubt dem Hund zu fressen. Dies übt man so lange, bis man die Hand offen lassen kann und das Wort ausreicht, damit der Hund das Futterstück liegen lässt. Eine andere Variante ist, dass man mit beiden Händen eine Faust macht. Eine Hand wird zur »Nein-Hand« und die andere zur »Lob-Hand«. Schnuppert der Hund beispielsweise an der linken, ertönt ein »Nein!«. Daraufhin öffnet man die rechte Hand und bestätigt den Vierbeiner für das Abwenden. Wichtig ist, den Hund immer zu loben, wenn er daraufhin etwas in Ruhe lässt. Nimmt man sich die Zeit und bringt dem Hund das Wort bei, kann man es gezielt einsetzen. Nur so kann ein kleines »Nein!« bei einem Vierbeiner auf Dauer Wunder bewirken.

P

Die **Präge- und Sozialisierungsphase** hat keine Bedeutung für den Hund

Immer wieder hört man Hundeliebhaber darüber diskutieren, wann der richtige Zeitpunkt ist, einen Welpen von der Mutter zu trennen. Viele sind der Meinung, dass es überhaupt keine Rolle spiele, ob der Kleine mit acht, zwölf oder vierzehn Wochen zu ihnen kommt. Andere sagen, dass der Welpe so lange wie möglich bei seiner Mutter bleiben sollte, weil sie ihm Sicherheit gibt und er dadurch einen festen Charakter bekommt. Sie glauben, dass die Präge- und Sozialisierungsphase keine Bedeutung für den Hund hat. Doch das ist ein Irrtum! Da der Hund mit Menschen zusammenleben soll, ist es unerlässlich, dass er gezielt auf sie und auf seine Umwelt geprägt und sozialisiert wird. Daher sollte er in der Prägephase, die ungefähr die vierte bis siebente Lebenswoche betrifft, vor allem mit Menschen vertraut gemacht werden. In diesem Zeitraum sind die Sinnesorgane des Welpen voll ausgebildet, er kann gut sehen und hören. Deshalb wird er neugieriger, seine Lernbereitschaft wächst, und alles wird ausgiebig beschnuppert. Auch nimmt er seine Umwelt verstärkt wahr, und sie wird ihm immer vertrauter.

Ein Züchter hat eine Hobbyzucht, seine Collie-Hündin lebt in der Familie. In einer ruhigen Ecke steht die Wurfkiste, in der sich vier entzückende Welpen befinden. Sie machen einen entspannten Eindruck, denn sie kennen vom ersten Tag an die Menschen, die Kinder und das Familienleben. Auch kennen sie das Geräusch des Telefons, der Haustürklingel und des Staubsaugers. Von draußen sind ihnen die vorbeifahrenden Autos oder Feuerwehrsirenen vertraut. Der Züchter legt Wert darauf, dass mit den Welpen gespielt wird, dadurch bekommen sie Streicheleinheiten und Körperkontakt zum Menschen. So kennen sie alles, was sie brauchen, um sich in Zukunft bei einer Familie wohlzufühlen.

Anders wachsen Welpen bei einem Züchter auf dem Bauernhof auf. Die Winzlinge sind mit ihrer Mutter in einer Scheune untergebracht. Menschenkontakt haben sie nur bei der Fütterung. Sie werden kaum gestreichelt und lernen bis auf Heu und Stroh nicht viel kennen. Deshalb sind diese Kleinen in erster Linie auf ihre Mutter und die Geschwister geprägt. Egal ob diese Welpen weiterhin auf dem Land oder in der Stadt leben, sie werden höchstwahrscheinlich Schwierigkeiten bekommen, sich an ihre Menschen und an das Alltagsgeschehen zu gewöhnen. Man muss bei solchen Welpen sehr behutsam vorgehen und ihnen viel Zeit zum Kennenlernen lassen.

Auch die anschließende Sozialisierungsphase, die ungefähr von der achten bis zur zwölften Woche dauert, ist eine enorm wichtige Phase für den Welpen. Vor allem versucht er seinen Platz in der Hund-Mensch-Gesellschaft zu finden. Deshalb sollte der Welpe in dieser Phase zu seinem neuen Besitzer kommen, d.h. ungefähr mit neun oder zehn Wochen.

In der neuen Familie sollte gleich begonnen werden, ihm freundlich aufzuzeigen, was er darf und was nicht. Denn auch die Mutter und seine Geschwister haben ihm bereits Grenzen gesetzt. Außerdem ist er in dieser Zeit sehr lernfähig und aufnahmebereit für positive wie auch negative Erfahrungen. Bleibt er in dieser Phase weiterhin bei seinen Artgenossen, lernt er Dinge, die nicht viel mit seinem späteren Leben zu tun haben. Deshalb braucht er einen Besitzer, der ihn in Ruhe sein Zuhause erkunden lässt. Dieser sollte sich auch auf den Boden setzen und sich ausgiebig beschnüffeln lassen.

Nach der Eingewöhnung ist der Welpe offen für alles Neue, was zu seiner Zukunft gehören wird, wie zum Beispiel Fahrstühle, das Fahren mit dem Auto oder den öffentlichen Verkehrsmitteln, verschiedene Bodenbeschaffenheiten oder Fußgängerzonen (siehe auch: **Eingewöhnung**). Auch das Kennenlernen freundlicher, fremder Artgenossen sollte ihm ermöglicht werden. Der Welpe braucht ausreichend Zeit, damit er seine neuen Erfahrungen in einem angenehmen Rahmen machen kann. Das andauernde Wechseln der Örtlichkeiten würde ihn genauso überfordern wie die Begegnung mit zu viel fremden Menschen oder Hunden (siehe auch: **Stress**). Kein Welpe muss alles in den ersten drei Monaten seines Lebens erkundet haben. Vor allem sollte der Besitzer daran denken, dass ein Hund auch noch nach der entscheidenden Präge- und Sozialisierungsphase lernt.

Hunde kommen nicht in die **Pubertät**

Ein Golden-Retriever-Mix ist ungefähr sechs Monate alt und folgt gut, da sein Besitzer ihn gut erzogen hat und beide eine intensive Bindung haben. Normalerweise bleibt er an dem See, an dem sie spazieren gehen, immer stehen und wartet auf das Kommando, dass er schwimmen darf. Doch von einem Tag auf den anderen macht er das nicht mehr. Kaum sieht er Wasser, ist er auch schon im kühlen Nass. Auch stellt er auf einmal die Grundkommandos infrage. Soll er sich hinsetzen, schaut er in die Ferne, als ob er nichts hören würde; genauso reagiert er, wenn er kommen soll. Der Halter legt daraufhin einen strengeren Tonfall an den Tag (siehe auch: **Kommandos**). Doch sein Hund bleibt weiter stur. Der Besitzer ist irritiert, da er sich sicher ist, dass er in der Erziehung alles richtig gemacht hat. An ihm liegt es auch gar nicht, sondern an den Hormonen. Sein Hund ist in die Pubertät gekommen, die es sehr wohl auch bei Vierbeinern gibt! In dieser Entwicklungsphase testen sie aus, ob die bis dato geltenden Regeln immer noch gültig sind. Auch versuchen sie ihren Menschen davon zu überzeugen, dass ihre hündischen Regeln besser sind.

Wie stark sich die Pubertät bemerkbar macht, ist von Hund zu Hund verschieden. Auslöser dafür ist wie auch beim Menschen der veränderte Hormonhaushalt und die damit beginnende Geschlechtsreife. Jeder Hund kommt in der zweiten Hälfte seines ersten Lebensjahres in die Pubertät. Bei großen ist es ungefähr mit sieben Monaten so weit, bei kleinen häufig etwas früher. Sichtbare Anzeichen können dafür die erste Läufigkeit bei der Hündin sein sowie das Beinheben und verstärkte Markieren beim Rüden, der zusätzlich großes Interesse am anderen Geschlecht zeigt. Neben äußerlichen Merkmalen wie dem Muskelaufbau sowie der Verstärkung der Bänder und Sehnen verändert sich auch ihr Verhalten. Ähnlich wie pubertierende Jugendliche erleben auch Hunde Gemütsschwankungen oder haben vorübergehend aggressive Tendenzen. Vor allem Rüden probieren gerne aus, Artgenossen zu dominieren, und benehmen sich eher rüpelhaft. Daher kann es oft passieren, dass ein Rüde in dieser Phase verstärkt seinesgleichen oder sogar Menschen besteigt, um seine Grenzen auszutesten (siehe auch: **Aufreiten**). Sollten bei Vierbeinern ernste Rangkämpfe entstehen, muss der Hundebesitzer auf jeden Fall einschreiten (siehe auch: **Begegnungen**).

Würde ein Hundehalter versuchen, diese Sturheit in der Pubertät auf Biegen und Brechen zu unterbinden, kann das eher den momentanen Zustand verschlimmern. Der Hund ist in dieser Phase vermehrt stressanfällig und hormongesteuert, dadurch verändert sich auch seine Lernfähigkeit (siehe auch: **Stress**). Sinnvoller ist es, Begebenheiten zu vermeiden, bei denen man sich nicht sicher sein kann, dass der Vierbeiner gehorcht. Denn könnte er seinen Kopf durchsetzen und weglaufen, müsste später das Kommen erneut intensiv trainiert werden (siehe auch: »**Komm!**«).

Der Zweibeiner sollte diese Phase nicht zu ernst nehmen. Übt er konsequent vermehrt die Kommandos, die der Vierbeiner mit Sicherheit ausführt, wird er weiterhin der Ranghohe bleiben (siehe auch: **Rangfolge**). Damit Mensch und Hund diese Zeit der Pubertät weitgehend stressfrei überstehen können, sollte der Hund beispielsweise an der langen Leine bleiben, bis er wieder hört und folgt. Ein Gutes hat die Pubertät allerdings. Sie ist beim Hund bereits nach ein paar Wochen vorbei, und er wird danach wieder der wohlerzogene Vierbeiner sein, falls er sich während dieser Zeit nicht zu viele Freiheiten erlauben durfte.

Q

Quietschspielzeug fördert den Jagdtrieb

Immer wieder wird davor gewarnt, Hunden Quietschspielzeug zu kaufen. Es würde ihren Jagdtrieb wecken und fördern, da es sie angeblich an eine Beute, wie zum Beispiel Mäuse, erinnert, die bei Entdeckung auch quieken. Dadurch, dass das Spielzeug ähnliche Geräusche von sich gibt, würde es den Vierbeiner darin bestärken, etwas Lebendiges zu töten. Das ist jedoch nicht richtig. Ein Hund ist sehr wohl in der Lage, einen Unterschied zwischen Lebewesen und »toten« Gegenständen zu machen – egal ob es quietscht, knistert oder noch andere Töne von sich gibt. Es ist nur so, dass diese Art Spielzeug, wenn er darauf herumkaut und es quietscht, für ihn oft interessanter ist und er sich mehr hineinsteigert, als wenn man nur ein Tau hin und her zieht.

Entscheidend ist, dass jeder Hund, egal ob Rassehund oder Mischling, ein angeborenes Beuteverhalten hat. Unabhängig davon, wie stark dieses Verhalten ausgeprägt ist, wird der Trieb praktisch durch alles ausgelöst, was sich bewegt. Das kann ein Ball sein und eben auch ein Quietschspielzeug. Sollte der Hund einen extremen Jagdtrieb haben, ist es angebracht, ihm erst einmal kein Spielzeug mehr zu werfen. Denn das unkontrollierte Hinterherlaufen fördert das Jagen. Sinnvoller wäre es, ihm das Apportieren beizubringen, da dies kontrolliert abläuft (siehe auch: **Apportieren**). Es gibt auch die sogenannten »Balljunkies«, die nur auf ihren Ball fixiert sind. Obwohl er nicht quietscht, geben sie keine Ruhe, bis dieser wieder geworfen wird. In diesen Fällen sollte das Spielzeug für eine Weile durch Alternativen ersetzt werden. Es gibt viele Dinge, die Mensch und Hund Spaß machen, wie Hundesport, Gehorsamsübungen oder Suchspiele (siehe auch: **Suchspiele**). Wenn ein Vierbeiner normal mit einem quietschenden Spielzeug umgeht, sich also ab und zu damit beschäftigt, darf er es problemlos haben. Denn allein ein Quietschspielzeug fördert keinen Jagdtrieb (siehe auch: **Jagdtrieb**).

R

In der Rangfolge ist der Mensch automatisch der Ranghohe

Hundebesitzer wissen, dass Vierbeiner viel Zeit beanspruchen, mehrmals am Tag Spaziergänge benötigen, gefüttert und beschäftigt werden wollen. Ebenso haben sie davon gehört, dass Hunde eine Rangfolge brauchen, damit sie sich wohlfühlen können. Und eines ist ihnen ganz klar: Der Ranghohe in einer Mensch-Hund-Beziehung ist selbstverständlich der Mensch, denn allein von seinem Status her ist er dem Hund weitaus überlegen. Deshalb glaubt er, dass sich die Rangfolge wie von selbst ergibt. Wenn dies wirklich so wäre, gäbe es nur Vierbeiner, die sich perfekt ihrem Besitzer anpassen und auf ihn hören. Doch dem ist leider nicht so. Der Mensch muss die Rangfolge aktiv aufbauen! Jeder Vierbeiner braucht eine klare Struktur, damit er seinen Platz im sozialen Gefüge mit dem Zweibeiner finden kann. Dabei ist es sein größter Wunsch, der Rangniedrige sein zu dürfen und sich um nichts mehr kümmern zu müssen.

Aber der Hundealltag sieht häufig anders aus. Der Vierbeiner stupst den Besitzer an, wenn er gestreichelt werden will, und entscheidet natürlich selbst, wann er genug davon hat. Auch sind viele Halter froh darüber, wenn der Hund sie daran erinnert, dass Fressens- oder Gassigehzeit ist. Diese Beispiele können beliebig fortgesetzt werden.

Sicher vereinfachen sie das Leben mit dem Hund, wenn er entscheiden kann. Doch genau auf diesen Begebenheiten beruhen die häufigsten Probleme im Zusammenleben mit ihm. Es entsteht eine unklare Rangfolge, die den Vierbeiner sogar auf Dauer stresst (siehe auch: **Stress**). Lässt man ihn immer mehr selbst bestimmen, wird er die Rolle des Ranghöheren zwangsläufig übernehmen. Häufig sind es gerade die Kleinigkeiten, die einen großen Einfluss auf die Rangfolge haben. Sie muss für den Hund deutlich erkennbar sein, damit er sich an seinem Menschen orientieren kann und ihm vertraut. Vierbeiner brauchen klare Strukturen und Regeln im Alltag. Sie wünschen sich, dass ihnen gezeigt wird, wie sie sich zu benehmen haben und was sie lassen sollen. Allein die Erziehung ist dafür nicht ausreichend. In erster Linie sollte der Besitzer darauf achten, dass er der Agierende ist, der entscheidet, und der Vierbeiner der Reagierende. Damit dieser dies akzeptiert und lernt, sollte der Halter sich an hündische Umgangsweisen halten. Als Ranghöchster nimmt selbstverständlich der Mensch zuerst seine Mahlzeit ein. Anschließend sollte sich der Hund nicht auf seinen Futternapf stürzen, sondern erst auf ein Kommando hin mit dem Fressen beginnen dürfen. Ebenso signalisiert der Besitzer seinen höheren Status, wenn er als Erster durch die Haustür geht (siehe auch: **Haustür**). Ebenfalls ist es wichtig, dass Tabuzonen im Haus oder in der Wohnung existieren. Denn nur der Zweibeiner darf überall hingehen, und somit sind manche Räume wie Bad, Küche oder Kinderzimmer für den Vierbeiner verboten.

Beobachtet man zu Hause dösende Hunde, liegen sie meistens genau in der Mitte des Zimmers, sodass der Besitzer um sie herumlaufen oder über sie hinwegsteigen muss. Das ist nicht in Ordnung, denn damit untergraben sie das Recht des Ranghohen. Besser ist es, den Vierbeiner jedes Mal, auch wenn er noch so tief schlafen sollte, zum Aufstehen zu bewegen, damit er sich einen für seinen

Rangstatus passenden Platz sucht. Würde sich ein Besitzer auf einen Bürostuhl setzen und mit diesem in der Wohnung herumfahren, würde ihm schnell bewusst werden, wie oft sein Vierbeiner im Weg liegt.

Grundsätzlich muss ein Hund gewisse Regeln akzeptieren lernen, denn nur so kann er der Rangniedrige in einer Mensch-Hund-Beziehung sein und die Führungsposition seines Menschen anerkennen. Ist dies der Fall, kann er natürlich gewisse Freiheiten haben. So darf er beispielsweise mit auf die Couch oder auf dem Fernsehsessel liegen. Wichtig ist, dass er auf Kommando hinuntergeht und sich dann entspannt auf einen anderen Platz legt. Fordert er allerdings weiterhin seinen Menschen auf, wieder hinaufgelassen zu werden, oder verlässt er nur äußerst zögerlich die Couch, sollte diese wieder tabu sein.

Gibt der Mensch die Regeln vor und setzt sich als der Ranghöhere konsequent durch, hat er einen Hund, der sich »pudelwohl« fühlt, da er froh ist, in einer klaren Rangfolge unter seinem Zweibeiner stehen zu können.

Gleiche **Rassen** haben immer die gleichen Eigenschaften

Ein Hundeliebhaber ist überzeugt davon, dass ein Labrador perfekt in sein Leben passen würde. Er hat sich vorab über diese Rasse informiert, die als sehr menschenfreundlich, ausgeglichen, ruhig und gutmütig beschrieben wird. Nachdem der Welpe ein paar Wochen bei ihm lebt, ist davon keine Rede mehr. Sein Labrador ist überaus aktiv, zerbeißt Gegenstände, springt jeden Zweibeiner an und knurrt sogar, wenn der Besitzer ihm beim Fressen zu nahe kommt. Er kann nicht verstehen, dass sein Vierbeiner nicht die typischen Eigenschaften des Labradors zeigt. Hunde einer Rasse haben nur bedingt die gleichen Eigenschaften. Sie haben zwar die gleichen Veranlagungen, aber welche Charaktereigenschaften sich später daraus entwickeln werden, obliegt unter anderem den Führungsqualitäten des jeweiligen Besitzers.

Sicher ist es richtig, einen Hund nach den typischen Merkmalen seiner Rasse auszusuchen, doch das allein reicht nicht aus. Bereits nach der Geburt gleicht kein Welpe dem anderen, denn jeder Hund der gleichen Rasse hat ein individuelles Wesen. Sie können schüchtern, draufgängerisch, nervös oder eine Schlaftablette sein. Zusätzlich kommt es darauf an, wie die Mutter und der Züchter mit den Welpen umgegangen sind und ob sie in eine ruhige oder hektische Umwelt hineingeboren wurden. Auch ist nicht jeder Wesenszug gleich stark ausgeprägt. Ist ein Welpe eher im Hintergrund geblieben und hatte wenig Menschenkontakte, wird er anfangs Menschen gegenüber scheu sein (siehe auch: **Präge- und Sozialisierungsphase**). Hat sich ein Hundebesitzer einen Welpen ausgesucht, der durch sein selbstbewusstes Auftreten auffällt, wird dieser später seinen Halter mehr austesten, wesentlich fordernder sein und jedem Menschen forsch gegenübertreten. Das ist vergleichbar mit Zwillingen. Obwohl sie dieselben Eltern haben, kann der eine sehr aufgeschlossen sein und der andere eher ein Einzelgänger, der sich gern zurückzieht.

Zur Veranschaulichung: Werden Rettungshunde ausgebildet, kommt es vor allem auf die individuellen Charaktere an. Von ihrer Veranlagung her eignen sich dafür bestimmte Rassen mehr als andere, so wie der Deutsche Schäferhund, Bloodhound oder Retriever. Doch nicht jeder Vertreter dieser Rassen kann ein perfekter Retter auf vier Pfoten werden. Nur die, die bestimmte Eigenschaften besitzen wie unter anderem Wesensfestigkeit und Friedfertigkeit, sind dafür prädestiniert.

Zusätzlich zu der ausgewählten Rasse sollte man bei der Hundewahl die einzelnen Charaktere beobachten, um den Vierbeiner zu finden, der am besten zur eigenen Lebensweise passt.

Die **Reizangel** eignet sich nicht für Jagdhunde

Aktive Vierbeiner lieben es, einer Reizangel mit einer »Beute« daran hinterherzurennen. Kaum hat der Hundebesitzer die Teleskopstange ausgefahren und nimmt das daran befestigte Spielzeug in die Hand, leuchten die Augen des Vierbeiners, und er hat nur noch die Angel im Kopf. Gerade Besitzer von Jagdhunden befürchten aber, dass die Reizangel den Jagdtrieb fördert. Sie würden ihrem Vierbeiner gern das Hinterherlaufen gönnen, doch sie glauben, dass ihnen damit keine Freude gemacht werden darf. Das stimmt so nicht! Jeder Vierbeiner kann mit der Trainingsangel sinnvoll beschäftigt werden. Im Antijagdtraining wird sie sogar erfolgreich eingesetzt (siehe auch: **Jagdtrieb**). Allerdings darf nie ein Hetzspiel entstehen. Denn sie dient dazu, den Hund kontrolliert und artgerecht auszulasten. Da ein jagdlich orientierter Hund sofort losrennt, sobald sich das Spielzeug bewegt, muss er vorab ein Abbruchsignal lernen. Damit kann man ihn während des Reizangelspiels jederzeit stoppen.

Um das Reizangelspiel zu üben, wird das Ende sehr langsam über den Boden gezogen. Sobald sich der Hund in Bewegung setzt, sagt der Halter »Stopp!« und hält den Stab ganz ruhig. Bleibt sein Hund auf das Kommando hin stehen, wird er ausgiebig gelobt. Dies lässt sich so weit steigern, dass der Mensch den Hund unter Kontrolle behält, obwohl er in einem konstanten Tempo die Angel weiterbewegt.

Generell dürfen nur Vierbeiner mit der Reizangel beschäftigt werden, die bereits die Grundkommandos beherrschen. Zudem ist es nötig, den richtigen Umgang mit der Angel zu trainieren. Dazu sollte der Besitzer seinen Vierbeiner erst einmal absitzen lassen – also »Sitz« machen lassen –, damit dieser beim Anblick der Reizangel nicht gleich lossprintet, sondern die Aufmerksamkeit auf seinen Menschen richtet. Anschließend lässt der Zweibeiner das an dem Stab befestigte Spielzeug frei hängen, während der

Hund sich weiterhin ruhig verhält. Dann gibt er ein Kommando, z. B. »Los!«, und fängt an, die Reizangel zu schwingen. Je unmotivierter der Hund ist, desto schneller sollte er die »Beute« fangen dürfen, damit er nicht den Spaß daran verliert. Hat er das Spielzeug im Fang, ruft sein Mensch gleich wieder »Aus!«. Lässt er es los, gibt es als Belohnung entweder ein Leckerli oder das Spiel wird fortgesetzt. Damit der Hund nicht ins Hetzen kommt, sollten »Sitz!«-, »Platz!«- oder »Bleib!«-Übungen eingebaut werden.

Liegt der Hund, sagt man »Bleib!«. Anschließend wird die Angel sehr langsam vor ihm hin und her geschwungen. Bleibt er weiterhin liegen, wird er verbal gelobt, und das Startsignal zum Loslaufen wird wieder gegeben. Nach längerer Übung kann die Trainingsangel komplett rundherum geführt werden, während der Hund seinen Zweibeiner anblickt und ruhig auf das Startkommando wartet. Läuft der Vierbeiner hinterher, kann der Besitzer auch Richtungswechsel einbauen, damit sich der Vierbeiner geistig und körperlich auspowern kann.

Das Reizangelspiel ist eine sinnvolle Beschäftigungsart, um die Beziehung zwischen Mensch und Hund zu stärken. Gleichzeitig kann ein Jagdhund kontrolliert seinen Trieb ein Stück weit ausleben. Da die Reizangel an einen Vierbeiner höchste geistige und körperliche Anforderungen stellt, sollte sie maximal fünfzehn Minuten am Stück benutzt werden. Gerade für Hundebesitzer, die an manchen Tagen wenig Zeit für ihren Vierbeiner haben, eignet sie sich hervorragend. Danach ist jeder Hund ausgeglichen, zufrieden und müde.

Ihr **Revier verteidigen** alle Hunde

Viele Hundebesitzer sind der Meinung, dass alle Hunde ihr Revier verteidigen, da der Mensch es ihnen ja nicht beigebracht hat. Das ist allerdings ein Irrtum! Es gibt zwar Vierbeiner, die territorialer veranlagt sind als andere, aber auch sie verteidigen nicht von sich aus ihr Revier. Warum tun es dann so viele Hunde unüberhörbar? Sie haben Besitzer, die ihre Chefrolle nicht ausreichend wahrnehmen (siehe auch: **Rangfolge**). Vierbeiner sind Rudeltiere und brauchen eine Führung, damit sie sich sicher fühlen können. Lebt der Besitzer ihnen das nicht vor, werden sie auf ihr Revier aufpassen und es notfalls sogar verteidigen.

Beispielsweise lebt ein Hundeliebhaber mit seinem Pinscher-Mischling in einer Reihenhaussiedlung mit Garten. Der Halter ist selbstständig und arbeitet zu Hause. Sein Job beansprucht ihn sehr, und somit bleibt wenig Zeit, um seinen Mischling ausreichend zu beschäftigen. Die regelmäßigen Gassigehzeiten werden aber stets eingehalten. Beginnt der Mensch mit ihm einen Spaziergang, ist die ganze Nachbarschaft alarmiert. Der sonst so liebe Hund bellt ununterbrochen mit hoch erhobenem Schwanz, solange er durch die Siedlung geht. Im heimischen Garten ist seine Spezialität, Leute, die am Zaun vorbeigehen, anzukläffen, oder wenn es an der Tür klingelt, dies lautstark zu verkünden. Damit haben Hunde in vielen Fällen eine für sie Erfolg versprechende Beschäftigung gefunden. Einige Besitzer verstehen nicht, warum es die Nachbarschaft stört, denn dass Hunde bellen, ist nun einmal hündisch; genauso wie ihr Revier zu verteidigen.

Doch unter den Haushunden gibt es sehr viele, die überhaupt keine Anstalten machen, ihr Revier zu verteidigen, auch wenn es ihrem Wesen entspricht. Wie zum Beispiel ein Spitz. Obwohl er von der Rasse her Tendenzen zur Revierverteidigung zeigt, benimmt er sich und ist in der gesamten Nachbarschaft nicht zu hören. Doch worin besteht der Unterschied? Beide Hunde haben genetisch bedingt territoriale Ambitionen und schnell begriffen, wie groß ihr Revier ist, denn der Garten ist eingezäunt und im Haus die Wohnungstür geschlossen. Der Spitz genießt sein Dasein, weil sein Mensch ihn ausreichend beschäftigt und ihm durch sein Verhalten klar vermittelt, wer der Chef ist. Somit kann er entspannt sein und sich den schönen Dingen des Lebens widmen. Hunde wie der Pinscher-Mix könnten genauso ein Hundeleben führen und würden dies auch entschieden vorziehen. Doch sie haben gelernt, dass sie die Führung in Sachen Revier übernehmen müssen, und dies machen sie gewissenhaft. Zu oft bestimmen diese Tiere den Tagesablauf selbst. Sie haben zu viele Möglichkeiten, in aller Ruhe auf der Pirsch zu liegen und nur auf einen Eindringling zu warten. Zusätzlich haben diese Vierbeiner Erfolgserlebnisse, was ihr Verhalten bestätigt und festigt. Und diese bekommen sie in der Regel täglich, und wenn es nur der Postbote ist, der nach dem lautstarken Empfang prompt wieder verschwindet.

Oft fangen Hunde erst dann mit diesen Verhaltensweisen an, wenn sie erwachsen sind und sozial reif. Doch diese von seinem Menschen verursachte Unart stresst den Vierbeiner gewaltig (siehe auch: **Stress**). Kein Hund, auch wenn er als Wachhund bezeichnet wird, wie zum Beispiel der Schäferhund, verteidigt freiwillig sein Revier. Vierbeiner tun dies erst dann, wenn es ihnen als ihre Aufgabe beigebracht wurde oder sie nicht rangniedrig sind (siehe auch: **Rangfolge**). Lieber wären sie ein Familienhund, der mit seinem Menschen ruhig zusammenlebt, viel erlebt und sich nicht um derartige Dinge kümmern muss. Selbst die Schilder »Hier wache ich!« oder »Vorsicht – bissiger Hund!« sind in den meisten Fällen nicht zutreffend. Sie sollen eine abschreckende Wirkung haben und Einbrecher oder unerwünschte Personen fernhalten.

Diese Schilder werden auch von Leuten aufgehängt, die einen Mops besitzen, der jeden herzlich willkommen heißen würde. Denn offen gesagt, bei einem Einbrecher wären die meisten Vierbeiner die Ersten, die das Weite suchen und sich unter dem Bett ihres Besitzers verkriechen.

Doch was soll der Hundehalter tun, damit sein Liebling mit dem Revierverteidigen aufhört? Wichtig ist, dass diese Hunde mehr beschäftigt werden, damit sie eine bessere

Beziehung zu ihrem Menschen bekommen (siehe auch: **Beziehungen**). Auch sollten sie auf die Grundkommandos gut hören, denn dadurch ordnet sich der Hund seinem Besitzer unter. Im Haus und auch auf dem Grundstück dürfen sie keine Möglichkeit mehr bekommen, erhöht zu liegen. Ihr Schlafplatz sollte sich in einer ruhigen Ecke befinden. Denn bei Hunden, die den totalen Überblick haben, an der Tür liegen oder im Flur, wird damit das territoriale Verhalten gefördert. Auch wenn Besitzer stolz darauf sind, dass ihr Liebling meldet, dass Passanten vorbeigehen oder es an der Tür geklingelt hat, darf dieses nicht geduldet werden. Der Zweibeiner sollte durch Führungsqualitäten seinen Vierbeiner davon abbringen. Denn eines ist klar: Menschen, die die Führungsrolle übernehmen, haben Vierbeiner, die sich an ihnen orientieren. Somit werden sie ihr Revier nicht länger verteidigen müssen.

Rohes Fleisch macht Hunde scharf

Nicht nur Hundebesitzer sind entsetzt, wenn sie hören, dass Hunde mit rohem Fleisch gefüttert werden. Sie sind der Meinung, dass Hunde dadurch erst richtig auf den Geschmack kommen und nur noch auf der Suche nach rohem Fleisch sein werden. Für diese Leute ist ganz klar, dass rohes Fleisch Hunde scharf macht. Doch das ist nicht nur ein Irrtum, sondern purer Unsinn!

Wer kennt das nicht: Man fährt hinaus in die Natur, und kaum hat der Hund das Auto verlassen, ist er im Feld verschwunden. Begeistert gräbt er nach Mäusen und verspeist sie mit Vorliebe. Würde ihn das scharf machen, müsste der Halter auf seine Waden aufpassen. Dies ist natürlich nicht der Fall. Hunde lieben rohes Fleisch, und ihr Organismus ist darauf eingerichtet.

Manche Tierärzte raten davon ab, rohes Fleisch zu füttern, weil es Krankheitserreger enthalten kann. Das betrifft vorrangig rohes Geflügel- oder Schweinefleisch.

Hunde würden sich jedoch auf jeden Fall eher für ein rohes Steak entscheiden als für ein noch so appetitlich mit einer Petersilie angerichtetes industrielles Nassfutter.

Seit ein paar Jahren wird sogar die Rohfleischfütterung immer beliebter. Diese Art der Ernährung wird »BARF« genannt und steht für »biologisch artgerechtes rohes Futter«. Das naturbelassene rohe Fleisch stammt meist von Rindern, Pferden oder vom Lamm und auch vom Fisch.

Ob ein Halter seinen Vierbeiner lieber mit rohem Fleisch oder einem hochwertigen Trocken- oder Nassfutter füttert, ist ihm selbst überlassen. Es gibt Gegner und Befürworter.

Jeder Hundebesitzer sollte das Für und Wider abwägen. Entscheidet er sich dafür, kann er dies guten Gewissens machen, da kein Hund von rohem Fleisch scharf wird.

S

Eine **Schleppleine** eignet sich nicht für die Hundeerziehung

Ein Hundebesitzer hat einen temperamentvollen belgischen Schäferhund, der die Grundkommandos gut kann und auf Zuruf zuverlässig kommt. Allerdings gibt es ein Problem. Er ist ständig in Bewegung und mag nie bei seinem Menschen stehen bleiben, der ihn dadurch schwer anleinen kann. Hinzu kommt, dass der Vierbeiner sehr lauffreudig ist und große Runden rennt. Sein Radius wird zunehmend größer, sodass er mittlerweile der Autostraße gefährlich nahe kommt, was seinen Menschen beunruhigt. Also bleibt diesem nichts anderes übrig, als den Schäferhund an die Leine zu nehmen, was beide unzufrieden macht.

Auf einem seiner Spaziergänge empfiehlt ihm die Halterin einer Irish-Setter-Hündin die von ihr verwendete, auf dem Boden schleifende Schleppleine, die es in verschiedenen Längen gibt. Er ist dankbar für den Tipp, denn das ist genau das Richtige, um seinem Vierbeiner wieder mehr Freiheit bieten zu können. Sie gibt ihm noch den Rat, seinem belgischen Schäferhund ein Brustgeschirr anzulegen, wenn er an der langen Leine läuft.

Nachdem er eine Zehn-Meter-Leine gekauft hat, sieht er dem Spaziergang gelassen entgegen. Doch es beginnt ein Gassigehen der besonderen Art. Er hat kaum noch Zeit auf seinen Vierbeiner zu achten, denn um das Leinenende nicht zu verpassen, muss er immer auf den Boden schauen. Ab und zu wird es für ihn sogar sportlich, wenn er über die Leine hüpfen muss, damit er nicht versehentlich darauftritt und sein Hund einen Ruck spürt. Und ganz nebenbei wird er zum Entfesselungskünstler, denn mehr als einmal wickelt sich die Leine um die Füße. »Schade«, denkt er sich, »dass die Schleppleine für die Hundeerziehung unbrauchbar ist.« Doch das ist falsch!

Gerade eine solche Leine ist eine wertvolle Unterstützung beim Training. Jeder Hundehalter, der sie nur als Radiuserweiterung sieht, vergibt damit ihren effizienten Einsatz. Sie ist nicht nur ein Hilfsmittel, dem Hund den zuverlässigen Gehorsam beizubringen, sondern auch gut geeignet zu verhindern, dass er Joggern oder Radfahrern hinterherläuft und auf die Jagd nach Mäusen und Kaninchen geht.

Viele Hunde laufen weit voraus oder bleiben weit zurück, weil sie darauf vertrauen, dass der Mensch ihrem Weg brav folgt oder auf sie warten wird. Und genau so verhalten sich die meisten Zweibeiner – wenn auch eher unbewusst. Doch es sollte umgekehrt sein: Der Vierbeiner soll sich am Menschen orientieren, auf ihn achten und sich seinem Gehtempo anpassen. Um genau dies zu erreichen, ist ein Aufmerksamkeitstraining mit einer Schleppleine aus Baumwolle sinnvoll. Hierfür braucht man eine Fünf-Meter-Leine, die am Halsband befestigt wird. Die kürzere Schleppleine ist wichtig, damit der Vierbeiner leichter die Verbindung zu seinem Menschen halten kann. Geübt werden sollte in einer reizarmen Gegend. Ebenfalls sollte nicht zu lange trainiert werden, dafür aber öfter am Tag. Nach und nach kann immer mehr Ablenkung dazukommen. Der Halter fasst das Ende der Leine mit beiden Händen und hält es vor seinen Bauch; hierdurch kann er seinen Hund besser halten, wenn der wie gewohnt losrennen will. Nun läuft der Besitzer immer entgegengesetzt zu seinem

Vierbeiner und ignoriert ihn komplett. Wenn ihn der Hund rechts überholt, dreht er sofort nach links um und läuft von ihm weg. Wird der Vierbeiner schneller, geht der Besitzer bewusst langsamer und umgekehrt. Nach einigen Richtungswechseln schaut der Vierbeiner verdutzt seinen Menschen an. Denn jedes Mal, wenn die Leine spannt, ruckt es. Da der Mensch nicht zusätzlich an der Leine zieht, ist dies für den Vierbeiner unschädlich. Dieser Effekt führt dazu, dass er sich an seinem Zweibeiner orientiert, obwohl der ihn nicht gerufen hat. Der Besitzer übt konsequent weiter, und nach einigen Tagen und mehreren Übungseinheiten merkt er, dass der Vierbeiner von sich aus den Blickkontakt zu ihm aufbaut, er sich seinem Tempo anpasst und selbst bei einem Richtungswechsel kein Zug mehr auf der Leine ist. Und das ist noch nicht alles. Er setzt sich sogar ohne Aufforderung hin, wenn der Halter stehen bleibt. Denn der Hund hat gelernt, dass es keine Korrektur mehr durch die Leine gibt, wenn er sich an seinen Menschen hält, der beharrlich seinen Weg geht. Dafür muss der Hund immer wieder ausgiebig gelobt werden.

Jetzt ist es so weit, ihm das Brustgeschirr anzulegen und ihn an die Zehn-Meter-Leine zu nehmen. Sie sollte ebenso aus Baumwolle sein, denn zieht der Hund, kann es bei Nylon Brandverletzungen geben, wenn sie durch die Handfläche rutscht. Aber auch bei Benutzung einer Baumwollleine sollte bei einem großen, stürmischen Tier vorsorglich ein Handschuh getragen werden. Nun kann der Halter damit beginnen, seinen Vierbeiner zu trainieren, nicht mehr so weit wegzulaufen. Hilfreich kann es sein, sich einen halben Meter vor dem Ende der Leine einen Knoten zu machen. Die Zehn-Meter-Leine schleift am Boden, und sobald der Knoten auf der Höhe des Zweibeiners ist, sagt dieser beispielsweise: »Hier!« Reagiert darauf sein Vierbeiner, bekommt er ein ausgiebiges Lob. Folgt er nicht, kann sein Mensch auf das Ende der Leine treten, um ihn zu korrigieren. Mit der Zeit lernt der Hund, einen vertretbaren Radius einzuhalten und auch in der Distanz auf seinen Menschen zu hören.

Ein Aufmerksamkeits- und Schleppleinentraining erfordert Zeit und Ausdauer. Es ist jedoch ein zuverlässiges und sanftes Hilfsmittel für die effiziente Hundeerziehung.

Schokolade in kleinen Mengen ist erlaubt

Frauchen und Hund sind nach einem langen Bergspaziergang wieder zu Hause angekommen. Die Anstrengung muss belohnt werden, und so gönnen sich beide ein Stück Vollmilchschokolade. Am nächsten Tag kommt Besuch, der Schokokuchen und -kekse mitgebracht hat. Es schmeckt köstlich, und erwartungsvoll beobachtet der Vierbeiner mit einem herzerweichenden Blick jeden Bissen, den die Zweibeiner zu sich nehmen, bis er auch etwas bekommt. Doch Achtung! Hunde dürfen keine Schokolade fressen. Auch wenn sie diese genauso lieben wie ihre Zweibeiner, ist sie Gift für die Vierbeiner. Vor allem die dunkle Zartbitterschokolade, denn Kakao enthält den Stoff Theobromin, der zum einen vom Organismus des Hundes im Gegensatz zum menschlichen nur extrem langsam abgebaut werden kann und zum anderen anregend auf das Herz-Kreislauf-System wirkt. Je höher also der Kakaogehalt, umso lebensgefährlicher wird es für den Hund. Bei einem kleinen Tier wie etwa dem Malteser können bereits einige Stücke Zartbitter tödlich sein. Deshalb darf keine Schokolade gegeben werden!

Sollte der Vierbeiner in einem unbeobachteten Moment zu viel Schokolade erwischt haben, muss sofort ein Tierarzt aufgesucht werden. Typische Symptome sind Erbrechen, Durchfall, Zittern oder Krämpfe.

Auf alle Fälle sollte Schokolade sicher aufbewahrt werden. Auch ist es wichtig, Kindern einzuschärfen, dem Tier nichts von ihren Süßigkeiten abzugeben, weil es sonst krank wird. Selbst wenn der Hund danach giert, muss hart geblieben werden, denn es geht um die Gesundheit des geliebten Familienmitglieds.

Auch alles, was Zucker enthält, wie Kekse, Bonbons und Kuchen, sollte ein Tabu sein. Hunde können übergewichtig werden oder Diabetes bekommen, die in extremen Fällen zur Erblindung führen kann.

Besser ist es, ihm in Maßen Hundeleckerlis zu geben, wobei auch dabei darauf geachtet werden sollte, dass kein Zucker enthalten ist (siehe auch: **Ernährung**). Durchaus dürfen Vierbeiner mit einem kleinen Stück magerem Käse oder Wurst verwöhnt werden.

Kleine Hunde dürfen zum **Schutz** auf den Arm genommen werden

Es kommt oft vor, dass vor allem Hundebesitzerinnen ihren kleinen Hund zum Schutz auf den Arm nehmen, wenn ein großer Vierbeiner heranstürmt. Doch dies ist wirklich nicht nötig, denn die meisten Vierbeiner, unabhängig von der Größe, sind freundlich gestimmt. Außerdem ist ein Hund in der Lage, die Körpersprache eines Artgenossen richtig zu deuten. Häufig sind es die Halter, die extrem ängstlich sind und um ihren kleinen Liebling fürchten.

Eine überängstliche Jack-Russell-Besitzerin nimmt ihren Hund jedes Mal auf den Arm, wenn sich von Weitem ein großer Artgenosse nähert. Nun ist aber ihr Jack Russell ein selbstbewusstes Kerlchen, der sofort die Gelegenheit ergreift, um auf Frauchens Arm alle anderen Vierbeiner anzukläffen. Das wiederum kann zu einem Missverständnis zwischen den Hunden führen. Denn manch anderer Vierbeiner kann es von seinem sozialen Status her nicht akzeptieren, dass er von oben herab selbstsicher angebellt wird. Es macht ihn wütend, was für alle Beteiligten gefährlich werden kann, da er hochspringen wird, um den Kleinen zu maßregeln. Wäre der Jack Russell Terrier am Boden geblieben, würde das Zusammentreffen eher harmlos verlaufen, da er auf sich gestellt adäquat mit dem fremden Hund kommunizieren wird.

Hat man einen unsicheren Hund oder Welpen, der schnell Angst vor Artgenossen bekommt, sollte man ihn zum Schutz anleinen und in einem großen Bogen vorbeigehen (siehe auch: **abgeleinte Hunde**). Hier wäre es falsch, ihn auf den Arm zu nehmen. Würde der Besitzer es trotzdem tun, bekäme sein Liebling immer mehr Angst vor Hunden, weil sein Mensch mit seinem Verhalten diese Unsicherheit unterstützt. Gerade in einem Welpenkurs achtet der Hundetrainer darauf, ob ein Welpe Angst vor einem anderen hat, und greift dementsprechend ein.

Eine Frau ist mit ihrem Malteser in einem Kurs, in dem nur große Welpen fröhlich umhertollen. Nachdem ihr Liebling fünf Minuten hin und her gewetzt ist, dabei öfter überrannt wurde, stellt er sich zwischen ihre Füße. Die Besitzerin ist unsicher, ob sie stehen bleiben oder weggehen soll. In diesem Fall ist es gut, wenn sie stehen bleibt und somit ihrem Malteser Schutz bietet. Das fördert die Bindung zwischen ihnen. Dabei soll sie ihn jedoch nicht beachten, weder anfassen noch ansprechen. Ihn auf den Arm zu nehmen wäre grundfalsch, weil sie dadurch seine Angst vergrößert.

Ängstlichen Besitzern, die ihren kleinen Liebling immer gern hochnehmen, kann der Besuch in einer Hundeschule helfen. Dort lernen sie, andere Hunde richtig einzuschätzen und sehen, dass es viele Vierbeiner gibt, die freundlich sind und sich sogar hinlegen, um einem kleinen Hund auf gleicher Ebene zu begegnen. Fühlt sich ein Hundebesitzer sicher, überträgt sich dies auf seinen Vierbeiner und unterstützt dessen Verhalten gegenüber einem Artgenossen positiv (siehe auch: **Gefühle**).

Trotzdem kann es in seltenen Fällen vorkommen, dass ein Hund bedrohlich wirkt, indem er fixierend stehen bleibt oder kein Halter zu sehen ist. Daraufhin stehen zu bleiben und darauf zu warten, was der andere Hund vorhat, ist nicht ratsam. In dem Fall sollte man seinen kleinen Vierbeiner zum Schutz doch hochnehmen und normalen Schrittes mit dem Rücken zum fremden Hund in die entgegengesetzte Richtung fortgehen. Dies ist jedoch eine echte Ausnahme, denn im Normalfall verlaufen Hundebegegnungen weitestgehend harmonisch.

Sicherungspflicht im Auto gibt es für Hunde nicht

Oft sieht man Hunde im Auto auf verschiedenen Plätzen. Der eine schaut von der Rücksitzbank aus zum Fenster hinaus, ein kleiner Hund sitzt auf dem Schoß des Beifahrers, und ein anderer fährt sogar hinter dem Lenkrad auf den Knien des Fahrers mit. Viele Hundebesitzer sind der Meinung, dass ihr Hund im Auto nicht gesichert sein muss. Das ist falsch! Egal, wie groß der Hund ist oder wie ruhig er sich während der Fahrt verhält, es besteht für jeden eine vorschriftsmäßige Sicherungspflicht. Einige Besitzer machen es notwendigerweise vorbildlich: Da die Großfamilie mitfährt, liegt ihr Liebling im Kofferraum.

Hunde gelten verkehrsrechtlich als Ladung, und jeder Autofahrer ist verpflichtet, diese ausreichend zu sichern. Denn ungesicherte Vierbeiner können ihre Menschen und sich selbst in Gefahr bringen.

Ein Hundehalter besitzt einen Foxterrier, der während der Fahrt auf dem Beifahrersitz steht und aus dem Fenster schaut. Sein Besitzer amüsiert sich jedes Mal, denn das Tier benimmt sich wie ein menschlicher Beifahrer, der interessiert hinausschaut und dabei den Kopf hin und herdreht. Plötzlich muss der Besitzer stark abbremsen, und sein Terrier landet unsanft im Fußraum. Seinem Menschen bleibt beinahe das Herz stehen, doch sein Liebling hüpft sofort wieder auf seinen Platz. Glücklicherweise ist ihm nichts passiert. Hätte ein größerer Hund auf dem Beifahrersitz gesessen, wäre er wahrscheinlich bei einer Vollbremsung verletzt worden. Würde sich ein Schäfer-

Mix auf der Rücksitzbank befinden, könnte er zu einem gefährlichen Geschoss für den Fahrer oder Beifahrer werden.

Keinesfalls sollte ein Vierbeiner, auch wenn er noch so klein ist, auf dem Schoß des Fahrers sitzen. Ist er unruhig und will vielleicht in den Fußraum, ist ein Unfall vorprogrammiert. Denn der Autofahrer lässt sich garantiert ablenken und konzentriert sich in dem Moment nicht mehr auf den Straßenverkehr.

Jeder Vierbeiner sollte im Auto entsprechend gesichert werden. Dafür gibt es Hundegurte, die mit dem Sicherheitsgurt verbunden werden. Es besteht auch die Möglichkeit, ein Trenngitter zwischen dem Kofferraumbereich und dem Rücksitz einzubauen. Immer beliebter werden auch Transportboxen, die es in den verschiedensten Ausführungen gibt. Sie sind sowohl für kleine wie auch für große Vierbeiner geeignet. Eine solche Box muss für das jeweilige Automodell passgenau sein, damit sie nicht verrutschen kann. Kleine Rassen fühlen sich auch in einem Sicherheitssitz wohl. Hat man sich für eine der vorgeschriebenen Sicherheitsmaßnahmen entschieden, können Zwei- und Vierbeiner auf große Fahrt gehen.

»Sitz!« oder »Platz!« müssen nicht oft geübt werden

Ein häufiges Gesprächsthema unter Hundebesitzern ist, welche Kommandos ihr Vierbeiner beherrscht. Viele sind stolz darauf, dass ihr Hund nach wenigen Übungseinheiten »Sitz!« oder »Platz!« gelernt hat. Demonstrieren sie es, nehmen sie ein Leckerli in die Hand, rufen »Sitz!«, und schon sitzt ihr Liebling. Dasselbe gilt für »Platz!«. Braucht es immer eine kleine »Bestechung« oder muss das Kommando mehrmals hintereinander gesagt werden, kann allerdings noch nicht von Können gesprochen werden. Erst wenn der Befehl nur einmal genannt oder die entsprechende Handbewegung gemacht wird und es der Vierbeiner sofort ausführt, hat er es wirklich gelernt. Es ist falsch zu glauben, dass »Sitz!« oder »Platz!« Kommandos sind, die nicht oft geübt werden müssen. Gerade Welpen brauchen lange, um überhaupt zu verstehen, was von ihnen erwartet wird. Eine gute Möglichkeit, ihnen die Kommandos zu lehren, ist sofort »Sitz!« oder »Platz!« zu sagen, wenn sie sich von selbst setzen oder legen. So prägt es sich schon ein wenig bei ihnen ein. Meistens fällt Vierbeinern das Lenen zu Hause leichter, da sie dort weniger abgelenkt sind. Zusätzlich macht ihnen das Üben Freude, weil sie von ihrem Menschen dabei Aufmerksamkeit bekommen.

Meint der Halter, dass sein Junghund es nun wirklich kann, wird er noch manche Überraschung erleben. Unversehens ist sein Liebling in die Pubertät geraten und testet aus, wie konsequent sein Mensch wirklich ist (siehe auch: **Pubertät**). Das heißt, der Hund »vergisst« gern, was er einmal gelernt hat. Manche Besitzer lassen es auch durchgehen, dass der Hund sich hinsetzt, obwohl sie »Platz!« gesagt haben. Sie sind sogar froh darüber, dass er wenigstens einen Befehl ausgeführt hat und meinen, dass es doch egal sei, ob er sitzt oder liegt. Das sollte nicht akzeptiert werden, denn Hunde sind schlau. Sie probieren damit aus, inwieweit sie selbst entscheiden dürfen. Daher sollten Zweibeiner darauf bestehen, dass genau die Befehle ausgeführt werden, die gegeben wurden.

Normalerweise begreifen Hunde »Sitz!« tatsächlich recht schnell. Um dieses Kommando zu üben, wird ein Leckerli in die Hand genommen, der Zeigefinger gehoben und »Sitz!« gesagt. Die Reaktion kann verschieden ausfallen: Die einen setzen sich und werden belohnt, die anderen schauen verständnislos. Bei ihnen hilft keine Wiederholung des Befehls. Es sollte auch nicht versucht werden, das Hinterteil herunterzudrücken, da es für den Hund unangenehm ist und er dadurch nichts lernt. Am effektivsten ist es, ihn am Leckerli schnüffeln zu lassen und es dann langsam über den Kopf Richtung Schwanz zu führen. Das bewirkt, dass sich der Vierbeiner automatisch hinsetzt, wofür ihm sofort das Leckerli gegeben werden muss (siehe auch: **Futterbelohnungen**).

Das Kommando »Platz!« richtig zu verknüpfen, fällt vielen Hunden etwas schwerer. Deshalb ist es sinnvoll, den Vierbeiner erst einmal sitzen zu lassen. Nun nimmt der Zweibeiner einen besonders leckeren Futterhappen in die Faust und lässt ihn daran schnuppern. Anschließend führt man die Faust langsam senkrecht zu Boden, sonst kann es passieren, dass der Vierbeiner aufsteht anstatt sich hinzulegen. Zusätzlich hilft es bei manchem Hund, die Faust langsam am Boden entlang zu sich heranzuziehen. Legt er sich hin, gibt es sofort das Leckerli. In hartnäckigen Fällen hilft es, sich auf den Boden zu hocken oder zu setzen und sein Bein auszustrecken. Dann zieht man die Hand unter dem Knie so langsam hindurch, dass der Hund am Ball bleibt und die Faust berührt. Geht der Vierbeiner dem Leckerli nach, wird er sich hinlegen. Wenn nicht, kann man einen ganz sanften Druck mit dem Bein ausführen, sobald der Hund darunter durchkriechen möchte. Größere Hunde könnten unter einem Stuhl durchgelockt werden. Ist der Vierbeiner in der gewünschten Position, darf er die Futterbelohnung sofort fressen. Dies sollte so lange wiederholt werden, bis der Hund sich selbstständig hinlegt, sobald man »Platz!« sagt und mit der flachen Hand Richtung Boden zeigt. Ist der Hund in der Lernphase, sollte zuerst das Wort kommen und in der darauffolgenden Sekunde das Handzeichen, da er so am besten verknüpft. Befolgt der Hund die Kommandos »Sitz!« und »Platz!«, tut man nur noch so, also hätte man Futter in der einen Faust. Führt der Vierbeiner den gewünschten Befehl trotzdem aus, gibt man ihm ein Leckerli mit der anderen Hand. Mit der Zeit wird er nur noch nach dem Zufallsprinzip belohnt, bis das Futter gar nicht mehr notwendig ist. Nach weiteren Trainingseinheiten reicht es, dem Hund die

Handbewegung für »Platz!« zu zeigen. Man sollte nicht vergessen, den Vierbeiner jedes Mal verbal zu loben. Ebenso darf nicht versäumt werden, jeden entsprechenden Befehl auch wieder aufzuheben. Der Hund darf nicht selbst bestimmen, wann er wieder aufsteht. Sein Mensch gibt ihm das Kommando, beispielsweise »Lauf!«, was anfangs recht bald erfolgen sollte, da das längere Sitzen- oder Liegenbleiben eine andere Übungssequenz ist. Die Befehle »Sitz!« oder »Platz!« sollten in verschiedenen Situationen trainiert werden. Vor allem während des Spaziergangs bietet es sich an, immer öfter diese Kommandos ausführen zu lassen, ohne dass es dafür einen Grund gibt. Ebenso ist es sinnvoll, auf verschiedenen Untergründen zu üben. Angesichts seiner hohen körperlichen Sensibilität ist es nicht selbstverständlich, dass ein Hund sich bereitwillig auf Fliesen, ins nasse Gras oder auf Gummimatten legt oder setzt. Vor allem sollten verschiedene Ablenkungen, wie z. B. die Anwesenheit anderer Hunde, genutzt werden, um die Kommandos zu festigen.

Beherrscht der Vierbeiner die Befehle, können sie gut eingesetzt werden, um ihn unter anderem bei Aufregung zu beruhigen.

Klappen die Kommandos unabhängig von der Umgebung einwandfrei, kann man dem Zwei- und Vierbeiner für ihre Geduld beim Üben ein echtes Lob aussprechen.

Der will nur **spielen**

Ein Traum vieler Hundebesitzer wäre es, wenn alle Hunde, egal ob groß oder klein, alt oder jung, miteinander Spaß hätten. Entspannt könnte jeder mit seinem Liebling durch den Park oder über die Hundewiese spazieren. Bei Hundebegegnungen gäbe es eine herzliche Begrüßung, ein freundliches Beschnuppern und ein gemeinsames Spielen. Die Hundebesitzer könnten locker miteinander plaudern, ohne auf ihre Vierbeiner achten zu müssen. Doch das ist genauso eine Utopie wie die Vorstellung einer friedlichen Welt, in der sich alle Menschen gut verstehen.

In der Realität trifft man auf andere Situationen. Es gibt Hundebesitzer, die das Knurren ihres Hundes als gutmütiges Brummen abtun. Oder man trifft im Park auf einen stattlichen Hund, der weit vorausläuft. Sprintet er plötzlich los, weil er einen Artgenossen entdeckt hat, hört man seinen Menschen schon von Weitem rufen: »Der tut nichts, der will nur spielen, er ist halt temperamentvoll.« Dem gegenüber steht ein Hundebesitzer mit einem kleinen Vierbeiner, der diesen Spruch nicht mehr hören kann. Ist er doch gerade vom Gegenteil überzeugt, da der große Hund in wilden Sprüngen auf seinen Kleinen zurennt, als ob er einen Hasen entdeckt hätte. Der fassungslose Halter hält die Luft an. Er kann nur noch hoffen, dass sein Liebling die Begegnung überlebt. Das tut er in der Regel auch, denn die heranstürmenden Vierbeiner bremsen durchaus rechtzeitig ab, ohne Kleinere zu überrennen. Doch allein das Heranstürmen kann Artgenossen, egal welcher Größe, verunsichern und ängstigen.

Selbst wenn ein Vierbeiner wie ein Husky »nur spielen will«, ist er einem Havaneser rein körperlich um einiges überlegen. Beide haben vielleicht Spaß beim Spielen, doch schnell kann sich für den Kleinen das anscheinend ausgelassene Herumtollen zu einem Stressspiel umwandeln.

Rücksichtsvolle Hundemenschen gehen vorausschauend durch den Park. Sie rufen ihren temperamentvollen Vierbeiner rechtzeitig zu sich und lassen ihn »Bei Fuß« gehen, bis sie sich so weit genähert haben, dass kein Losstürmen mehr möglich ist. Begegnen sich Vierbeiner, sollten beide angeleint sein. Haben sich die Besitzer untereinander verständigt und festgestellt, dass ihre Hunde verträglich sind, können sie abgeleint werden. Somit steht einer freundlichen Begegnung nichts mehr im Wege.

Strafen ist in jedem Fall eine wirksame Erziehungsmethode

Die meisten Hundehalter sind verärgert, wenn ein großer Hund seine Nase neugierig schnuppernd auf den Tisch legt. Da er das nicht soll, wird er dafür bestraft, indem der Besitzer beispielsweise mit einer zusammengerollten Zeitung auf den Tisch schlägt, während ein verbales Donnerwetter losbricht. Sicher zieht sich der Vierbeiner daraufhin zurück. Doch das Einzige, was er daraus lernt, ist, die Strafe mit seinem Menschen in Verbindung zu bringen. Daher erobert er sich wieder den Tisch, sobald der Besitzer das Haus verlassen hat. Ist dies der Fall, hätte man ihn genauso gut mit der Hand wegschieben können, was für den Vierbeiner weniger stressig gewesen wäre. Durch Strafen können Hunde in den wenigsten Fällen begreifen, dass es ein immer geltendes Tabu ist. Außerdem ist die Gefahr der Fehlverknüpfungen viel zu groß. Insbesondere sensible oder unsichere Tiere werden bereits bei einer einmaligen Strafe ihren Menschen aus sicherer Entfernung misstrauisch beäugen und bei mehrmaligem Strafen sogar Angst vor ihm bekommen. Deshalb ist dies nicht in jedem Fall eine wirksame erzieherische Maßnahme! Stellt ein Vierbeiner etwas an, liegt es meistens daran, dass er noch nicht gelernt hat, was von ihm erwartet wird (siehe auch: **Unfug**). Er kann nicht unterscheiden, was ein schlimmes Vergehen, was verboten und was erlaubt ist. Für ihn ist es völlig normal, alles, was ihn interessiert, genauer zu untersuchen. Deshalb sollte sich der Besitzer mehr auf das erwünschte, als auf das unerwünschte Verhalten seines Hundes konzentrieren und dieses positiv verstärken. Ein Lob und die daraus resultierende Beachtung zeigen dem Vierbeiner, dass sein Handeln korrekt ist. Im Gegensatz dazu sollte unerwünschtes Betragen unkommentiert bleiben. Oft ist es auch gut, forderndem Verhalten weder positive noch negative Aufmerksamkeit zu schenken (siehe auch: **Ignorieren**).

Bestimmte Dinge können jedoch nicht ignoriert werden. Läuft der Hund auf die Fahrbahn, muss er mit einem freundlichen, bestimmenden Ton auf den Bürgersteig zurückgerufen oder mit der Leine sanft von der Straße weggezogen werden (siehe auch: **Kommandos**). Befindet er sich wieder auf dem Fußweg, wird er sofort gelobt. Außerdem sollten Mensch und Hund immer, auch wenn eine Ampel grün zeigt, am Bordstein stehen bleiben. Wird er dann für sein richtiges Verhalten gelobt, lernt der Vierbeiner, zuverlässig zu warten. Hat sich ein Hund angewöhnt, spielerisch jeden Besucher am Hosenbein festzuhalten, ist dies sehr nervig. Ihn dafür zu bestrafen, wäre sinnlos, da eine zu große Aufmerksamkeit auf das eigentlich unerwünschte Verhalten gelegt wird. Viel besser ist es, ihm eine Alternative zu zeigen, die ihn automatisch davon abbringt, weiter an Hosenbeinen zu zerren. In diesem Fall ist das Kommando »Sitz!« sehr hilfreich. Das Lob findet durch ein Leckerli oder eine Ablenkung wie beispielsweise ein Spielzeug statt, das Mensch und Hund gleichzeitig festhalten können (siehe auch: **Zerrspiel**). Das Hinsetzen wird in den verschiedensten Situationen geübt, bis es der Vierbeiner zuverlässig ausführt (siehe auch »**Sitz!**« oder »**Platz!**«).

Dann beginnt das eigentliche Training mit Gästen. Zeigt der Hund Interesse an dem Fremden, der eben zur Haustür hereinkommt, sagt der Halter »Sitz!«. Führt der Vierbeiner dies aus, beginnt der Besitzer in der darauffolgenden Sekunde mit dem eingeübten Spiel oder Leckerli als Lob. Reizen den Vierbeiner trotzdem fremde Leute, sollte er zu Beginn angeleint sein, damit er aufmerksam bleibt. Mit fortschreitendem Lernerfolg kann das Spiel langsam abgebaut werden, bis der Besitzer nur noch verbal und ab und zu mit einem Futterhappen das neu erlernte Alternativverhalten bestätigt. Wird konsequent über die positive Verstärkung geübt, wird der Hund zuverlässig das Erlernte anstelle des Unerwünschten zeigen.

Kommt ein Hund neu ins Haus, wird er meist versuchen, sich in die Gemeinschaft einzufügen. Er wird seinen Besitzer beobachten und dessen Verhalten imitieren. Das Allerwichtigste ist, ihm Unerwünschtes bereits beim allerersten Mal zu verbieten, ohne ihn zu strafen. Dann sind die Erfolgschancen am größten, dass er es für immer sein lässt. Denn der Hund kann nicht erfolgreich lernen, wenn er einmal etwas darf und beim nächsten Mal nicht mehr. Um ihm Unerwünschtes abzugewöhnen, hilft auch ein klares und deutliches »Nein!«. Allerdings sollte er vorab die Bedeutung kennen (siehe auch: »**Nein!**«). Konsequentes Bestätigen für das, was der Hund richtig macht, und ein strenges »Nein!«, »Aus!« oder »Pfui!« für nicht Erwünschtes sind in den meisten Fällen ausreichend. In gewissen Situationen ist es sinnvoll, dem Hund Dinge zu verleiden, damit er lernt, dass sie ein für alle Mal tabu sind.

Lässt sich der Jack Russell eines Hundebesitzers nicht davon abbringen, von der Küchenbank auf den Tisch zu springen, ist es sinnvoll, den Hund durch einen »anonymen« Schreckreiz davon abzubringen. Denn ein Schreck, in der richtigen Sekunde angewendet, kann »Wunder« bewirken. Dieser kann beispielsweise durch eine Wurfkette, einen Schlüsselbund, eine Trainingsdisc oder eine Wasserspritze ausgelöst werden. Dabei ist allerdings das präzise Timing von höchster Wichtigkeit, damit der Vierbeiner richtig verknüpft. So merkt der Hund nicht, dass sein Besitzer diesen Reiz ausgelöst hat. Denn dieser sollte für ihn grundsätzlich positiv und freundlich sein. Außerdem kann der Hund nur so die Maßregelung ausschließlich mit seinem Verhalten verknüpfen. Er lernt, dass es jedes Mal unangenehm wird, wenn er auf den Tisch will, und er bringt es nur mit diesem in Verbindung. Daher unterlässt er es, egal ob sein Mensch zu Hause ist oder nicht.

Bei einem ängstlichen Hund ist von dieser Methode allerdings abzuraten, denn es würde seine Angst verstärken. Unsichere Hunde erleben den Schreckreiz als etwas sehr Schlimmes, weshalb er nicht unbedacht angewendet werden sollte. In der Regel gilt: Hat der Vierbeiner einen Schreck bekommen, unterlässt er sofort das, was er gerade tut. Hunde, die sich bei ihrem Besitzer sicher fühlen, werden zu ihm laufen. Andere bleiben eventuell einfach nur stehen, was auch völlig in Ordnung ist. Hauptsache, sie haben ihr Vorhaben gestoppt. In jedem Fall muss der Besitzer anschließend besonders freundlich zu ihm sein, indem er ihn lobt und streichelt.

Ein Schreckreiz darf jedoch nicht mehrmals hintereinander benutzt werden. Denn selbstsichere Vierbeiner können sich an ein lautes Geräusch oder Wasser gewöhnen. Gerade, weil es so wichtig ist, dass der Schreckreiz richtig eingesetzt wird, ist es in vielen Fällen angebracht, einen Hundeexperten zurate zu ziehen, bevor man zu solchen Mitteln greift, um beispielsweise das Klauen vom Tisch zu unterbinden (siehe auch: **Klauen**). Stellen Vierbeiner nur etwas an, wenn sie unbeobachtet sind, graben sie gern das Blumenbeet um oder laufen in Gebüsche, dann hilft ein Schreckreiz ebenso. Man kann zum Beispiel unbemerkt Steinchen in ihre Nähe werfen. Auch ein kurzes Scheppern mit einer mit Steinchen gefüllten Flasche oder Blechdose kann helfen. Hört der Hund darauf mit seinem Verhalten auf, wird er wieder überschwänglich gelobt.

Leider wissen sich immer noch einige Besitzer nicht anders zu helfen, als körperlich auf den Hund einzuwirken oder ihn mit der Leine zu bestrafen (siehe auch: **abgeleinte Hunde**). Das und selbst ein Klaps sind ein absolutes Tabu! Genauso sind Stachelhalsbänder und andere dem Hund Schmerzen zufügende Methoden zu unterlassen (siehe auch: **Erziehungshilfen**). Schmerzen können selbst einen ängstlichen Hund dazu bringen, aggressiv zu werden (siehe auch: **Aggressivität**). Da er dadurch lernt, Zweibeinern zu misstrauen, kann er gegenüber Menschen, anderen Hunden und auch für Kinder unberechenbar werden. Oder er traut sich keinerlei Reaktion mehr zu zeigen, was seinen Stresspegel weiter erhöht (siehe auch: **Stress**).

Auch sind Besitzer mit ihrem Vierbeiner oft sehr ungeduldig und meinen, dass er neu Erlerntes innerhalb weniger Tage perfekt beherrschen sollte. Das ist nicht möglich! Geht ein Vierbeiner nicht exakt »Bei Fuß!«, gibt es nach wie vor Hundehalter, die ihm dafür einen leichten Schlag auf die Schnauze geben oder ihm einen ordentlichen Leinenruck verpassen. Besser ist es, mit Geduld, Futterbelohnung, Spielmotivation und einer freundlichen Trainingsatmosphäre den Befehl so lange zu üben, bis der Hund ihn sicher beherrscht und freudig ausführt.

Ebenso sind einige Hundehalter immer noch der Meinung, die nötige Autorität oder Führungsqualität nur über Strafen zu erreichen. Doch wird ein Hund zu oft bestraft, ohne den Grund dafür erkennen zu können, läuft man Gefahr, dass er sich in sich zurückzieht (siehe auch: **Depressionen**). Auch kann es sein, dass er sich seiner Haut wehrt.

Strafen ist grundsätzlich keine Erziehungsmethode! Hunde sind mit viel Geduld und einem entsprechenden Zeitaufwand sehr wohl in der Lage zu begreifen, was von ihnen gewünscht wird, wenn sie es in positiver Form gezeigt bekommen. Denn Hunde wollen ihren Menschen gefallen und lernen gern.

Über den Kopf **streicheln** darf man Hunde bedenkenlos

Ein Ehepaar hat einen lieben, gut erzogenen Hovawart, der zu jedermann freundlich ist. Er schaut so treuherzig, dass Passanten oft stehen bleiben, um ihn zu bewundern. Jedes Mal läuft er freudig auf sie zu, stellt sich seitlich hin und lässt sich ausgiebig streicheln. Vor allem mag er es, am hinteren Rücken zwischen den Schulterblättern und hinter den Ohren gekrault zu werden. Doch als man ihm den Kopf tätschelt, dreht sich der Hund weg und geht. Andere Tiere ducken sich und legen die Ohren an oder schütteln sich. Offensichtlich haben sie genug Streicheleinheiten bekommen. Das ist falsch gedacht! Hunde demonstrieren mit dem Abwenden, wie unangenehm ihnen diese Berührung ist. Nie sollte man ihnen bedenkenlos über den Kopf streicheln!

Hunde haben zwar ein weiteres Sichtfeld als der Mensch, aber auch sie können nicht sehen, was von oben kommt. Rechnet ein Vierbeiner nicht damit, dass im nächsten Moment etwas auf seinem Kopf landet, kann er sich wie der Zweibeiner, dem sich z.B. eine Taube auf den Kopf setzt, erschrecken oder bedroht fühlen. Eine Rolle spielt auch die Hand, die oft größer ist als ein Hundekopf. Außerdem ist der gesamte Kopfbereich sehr sensibel, da mit seinem Maul, den Ohren, Augen und verschiedenen Kopfhaltungen die feine Kommunikation unter Artgenossen stattfindet.

Werden Vierbeiner von Fremden am Kopf gestreichelt, ist ein Knurren oder Schnappen nicht ausgeschlossen. Selbst das Liebkosen seines Besitzers an dieser Körperstelle duldet der Hund oft nur, weil er Vertrauen zu ihm hat. Aber seine Leidenschaft wird es nie werden.

Jeder Hundebesitzer sollte aus diesem Grund seinen Vierbeiner genau beobachten, ob es ihm egal ist, ob er sich damit unwohl fühlt oder ob er es unerträglich findet. Haben Hundehalter einen Vierbeiner, der es nicht mag, sollten sie dafür sorgen, dass auch andere Personen dies respektieren. Denn kein Vierbeiner weiß, dass alles Gute von oben kommt.

Streicheln ist ein zusätzliches Lob für ein richtig ausgeführtes Kommando

Streicheln ist für jeden Hund erst einmal eine Bestätigung und ein Signal dafür, dass der Mensch ihm wohlgesonnen ist. Viele Vierbeiner genießen diese Streicheleinheiten sehr. Besonders beliebte Stellen sind der Bauch, das Hinterteil, wie auch das Kraulen hinter den Ohren. Reibt sich ein Hund an einem Menschen oder stupst er ihn an, ist das oft eine Aufforderung für Streicheleinheiten. Wie die Wölfe genießen auch Hunde diese Wohltaten. So kann man häufig bei ihnen das Kontaktliegen oder das Schnauzenlecken beobachten. Es liegt also auf der Hand, dass im sozialen Zusammenleben mit einem Vierbeiner Körperkontakt und Streicheleinheiten unentbehrlich sind. Daher sind viele Hundebesitzer der Meinung, dass Streicheln ein zusätzliches Lob für ein richtig ausgeführtes Kommando ist und die Hundeseele erfreut. Dem ist nicht so! Die meisten Hunde möchten viel lieber mit Futter, einem Spielzeug oder verbal gelobt werden. Da das Streicheln zum Sozialkontakt gehört, hat es nichts damit zu tun, Gelerntes zu bestätigen. Kommt der Vierbeiner draußen auf Pfiff, ist ein kurzes verbales Lob oder ein Leckerli völlig ausreichend. Oft kann während eines Hundetrainings gut beobachtet werden, dass ein Hund irritiert ist, wenn er als Bestätigung Streicheleinheiten anstelle eines Stückes Käse bekommt.

Zur Veranschaulichung: Als Konzentrationsübung wird das Bei-Fuß-Gehen geübt. Der Vierbeiner bleibt wie gewünscht neben seinem Besitzer und schaut ihn sogar an. Dafür wird er als Lob gestreichelt. Daraufhin geht der Vierbeiner weg, schnüffelt herum und läuft vorwärts, statt neben dem Menschen zu bleiben. Denn Streicheln ist für ihn das Signal, dass die Übung zu Ende ist, wodurch die innere Anspannung von ihm abfällt. Diese Reaktion auf das Streicheln kann man in vielen ähnlichen Situationen feststellen. Es ist in einer »Arbeitssituation« völlig fehl am Platz, weil es die Hunde ablenkt. Das ist vergleichbar mit einem Menschen, der voll konzentriert seiner Arbeit am Computer nachgeht. Kommt sein Partner hinzu, streichelt ihm den Rücken oder umarmt ihn von hinten, ist der Mensch viel stärker abgelenkt, als wenn ihn der Partner nur angesprochen hätte.

Das kann ein Besitzer bei seinem Hund testen: Er gibt ihm das Kommando »Platz! und Bleib!«, worauf dieser sich hinlegt. Um ihn für das ruhige Liegenbleiben zu loben, wird er gestreichelt. Daraufhin springt das Tier bestimmt auf. Besser wäre es, verbal zu loben und den Befehl dann mit beispielsweise »Lauf!« aufzuheben. Hat man ausgelassen mit dem Hund getobt, ein Spielzeug geworfen oder ein Training absolviert, ist das Streicheln ein wunderbarer Abschluss. Man wendet sich seinem Hund zu, stellt sich eher seitlich hin oder hockt sich zu ihm und streichelt ihn ruhig vom Kopf über den Rücken bis zum Schwanzansatz. Dieser Genuss fördert die Bindung und lässt den Hund entspannen, da es ein Kontrast zur Konzentration und dem aktiven spielerischen Verhalten ist. Außerdem ist es eine abschließende Bestätigung dafür, dass er etwas gut gemacht hat.

Streicheln ist immer wieder eine Möglichkeit, die Mensch-Hund-Beziehung zu intensivieren und gegenseitiges Vertrauen zu schaffen. Jedoch sollte der Hund nicht seitlich beklopft werden, denn dies ist mit Anrempeln zu vergleichen. Generell sollte man sich dabei nicht über einen Vierbeiner beugen, denn das kann auf ihn bedrohlich wirken. Ebenso ist es ihm unangenehm, wenn man ihm den Kopf tätschelt. Gerade bei ängstlichen Vierbeinern wie auch bei Junghunden und Welpen ist es besser, wenn die Hand von unten und von vorne kommt.

Will man einen fremden Hund streicheln, sollte der Besitzer zuerst das Okay gegeben haben. Beschnuppert der Hund einen daraufhin, kann man ihn sicher liebkosen. Denn die meisten Vierbeiner lieben diesen Körperkontakt, wenn er nicht als zusätzliches Lob eingesetzt wird.

Permanenter **Stress** schadet keinem Hund

Es lässt sich auch für Hunde nicht vermeiden, dass sie in Stress geraten. Eine volle U-Bahn, Menschenansammlungen oder sonstige ungewohnte Situationen gehören dazu. Je nachdem, wie hoch der Stresspegel ist, beschwichtigen

Hunde, indem sie unter anderem den Kopf absenken oder intensiv schnüffeln (siehe auch: **Beschwichtigungssignale**). Manchmal erkennen die Besitzer diese Zeichen und können darauf reagieren, indem sie ihrem Tier solche Begebenheiten ersparen oder es behutsam daran gewöhnen.

Doch es gibt auch Umstände, die den Vierbeiner extrem stressen oder schon lange belasten. Das kann beispielsweise die »Mitbewohnerin« Katze sein, die den Hund tyrannisiert. Oder hat er Angst vor ratternden Lastwagen, wird er tagtäglich von Neuem gestresst sein. Irrtümlicherweise glauben diese Besitzer, dass sich ihr Vierbeiner schon daran gewöhnen wird.

Erleben Hunde jeden Tag dieselben strapaziösen Situationen, belastet sie das körperlich und seelisch. Es stimmt nicht, dass Stress, und vor allem Dauerstress, ihnen nicht schadet. Kommt ein Welpe ins Haus, braucht er eine Zeit lang über den Tag verteilt bestimmte Routineabläufe. Kommen stattdessen in den ersten Tagen extrem viele Besucher oder ist er jeden Tag unterwegs und erlebt zu viel Neues, stresst ihn das enorm (siehe auch: **Eingewöhnungszeit**).

Ein lauffreudiger Hund, der bei einem sportlichen Mann lebte, wurde an ein älteres Ehepaar vermittelt. Bei ihnen stehen gemächliche Spaziergänge auf der Tagesordnung, und er ist meistens an der Leine, weshalb er sich nicht mehr auspowern kann. Er wird immer dünner, obwohl er weiterhin die gleichen Futterportionen bekommt. Auch kratzt er sich oft am Bauch und kläfft ungewöhnlich viel. Zusätzlich kann er stur werden und sich seinen Besitzern entziehen. All diese Veränderungen sind zu viel für ihn und Stress pur!

Vierbeiner sind gestresst, sobald sie sich unwohl fühlen oder Eindrücke nicht verarbeiten können. So ergeht es auch Hunden, die von Montag bis Freitag acht bis zehn Stunden alleine bleiben müssen. Sie können nicht nur verhaltensauffällig, sondern auch psychisch und körperlich von dem permanenten Stress der Einsamkeit und Unterforderung krank werden (siehe auch: **Depressionen**). Anzeichen dafür können sein, dass ein solcher Hund immer wieder versucht, seinen Schwanz zu fangen, er Fell verliert oder sich die Pfoten wund leckt. Diese Vierbeiner brauchen einen Hundesitter und dürfen nicht weiter stundenlang allein gelassen werden! Stresssituationen sollten minimiert werden, bis sich der Hund an sie gewöhnt hat und sichtbar entspannt bleibt.

Einem Stressauslöser sollte sich langsam und mit vielen Wiederholungen über einen längeren Zeitraum genähert werden. Bleibt ein Vierbeiner gelassen, wird dieses Verhalten gelobt. Sobald es kippt, sollte die Annäherung sofort abgebrochen und auf den vorherigen Stand zurückgegangen werden. Dies wird so lange wiederholt, bis er die immer geringer werdende Entfernung akzeptiert.

Kann Stress nicht verhindert werden, sollte ein Hund früh genug darauf vorbereitet sein. Eine Familie wandert zum Beispiel mit ihrem Vierbeiner nach Amerika aus. Wochen vorher sollte er an eine Transportbox gewöhnt werden, damit wenigstens diese beim Flug kein Stressauslöser ist und er sich darin sicher fühlen kann.

Prinzipiell sollte generell alles darangesetzt werden, den Hund vom Stress zu befreien. Dieser erschwert insbesondere das Lernen, weshalb Vierbeiner immer wieder mit dem gleichen negativen Verhalten auf bestimmte Situationen reagieren. Obwohl sie diese schon öfter erlebt haben, kommen sie ihnen durch den Stress wie ein erstes Mal vor. Hundebesitzer sollten auf die verschiedenen Symptome wie Hecheln oder Speicheln achten und ihren Vierbeiner mit den dafür geeigneten Mitteln »entstressen«. Dabei ist auch die Tierkinesiologie eine erfolgreiche Methode, um der Ursache auf den Grund zu gehen (siehe auch: **Tierkinesiologie**). Oberstes Ziel sollte immer sein, dass Hunde ein möglichst stressfreies Leben führen können.

Einmal **Streuner**, immer Streuner

Fällt der Begriff »Streuner«, denken viele Hundeliebhaber gleich an Straßenhunde, die herrenlos herumlaufen, etwas zu fressen suchen oder Einzelgänger sind. Doch auch unter den Haushunden sind Streuner zu finden! Begeistert nutzen sie jede Möglichkeit, zu entwischen und ihre Umgebung genauestens zu erkunden. Streuner sind in der Regel mit Menschen und Hunden sozialverträglich und wissen, wo sie hingehören. Nach einer Weile kommen sie von ihrer Entdeckungstour immer wieder zurück. Viele Hundebesitzer mit solchen Hunden glauben gegen den Freiheitsdrang machtlos zu sein, weil das Streunen wohl ein typisches, angeborenes Verhalten ist – nach dem Motto: »Einmal Streuner, immer Streuner.« Damit muss sich jedoch nicht abgefunden werden. Es gibt eindeutige Ursachen, die das Streunen ausgelöst haben. Es ist dem Vierbeiner anerzogen worden, oder er hat es sich angeeignet. Denn noch kein Hund ist als Streuner auf die Welt gekommen.

Ein Hundehalter besitzt eine Irish-Setter-Hündin, die mit sieben Monaten beschlossen hat, selbst alles zu erkunden. Auf den normalen Spaziergängen entfernt sie sich immer weiter von ihrem Besitzer. Bleibt dieser auf dem Feldweg, ist es ihr mittlerweile zur Gewohnheit geworden, bis zum anderen Ende des Feldes zu laufen. Der Halter ist mit ihr als Welpe von zu Hause aus weite Strecken gegangen, was sie möglicherweise auf den Geschmack gebracht hat. Daher ist es ratsam, mit einem Welpen in den ersten Wochen lediglich in der Nähe des Hauses oder der Wohnung spazieren zu gehen. Nicht nur, dass er dadurch mehr Sicherheit bekommt, sondern er lernt, dass nicht die weite Welt sein Revier ist. Jede Hundemutter trägt ihre Jungen in den ersten Wochen vorsichtig am Nackenfell zum Lager zurück, sobald sie sich entfernen wollen. Dadurch lernen sie, in der Nähe zu bleiben, und werden das auch später tun. Es ist also wichtig, jungen Hunden keinesfalls einen zu großen Freilauf zu gewähren.

Ist ein Welpe zu früh von der Mutter weggekommen und konnte dadurch nie auf hündische Weise lernen, in der Nähe der Wurfkiste zu bleiben, wird er sich eher auf das Streunen verlegen, weil es für ihn ganz normal ist, auf Entdeckungstour zu gehen. Treffen später solche Hunde bei ihrem Alleingang auf nette Artgenossen und werden sie womöglich noch von Passanten gefüttert, verstärkt es ihre Lust am Streunen. Vor allem kann Langeweile oder eine nicht gefestigte Bindung zum Besitzer ein Auslöser dafür sein, dass der Hund zum Ausbruchskünstler wird. In einem unbeobachteten Moment nutzt er die Gunst des Augenblicks und ist über den Zaun gesprungen oder durch die dichte Hecke verschwunden. Die meisten Streuner benutzen immer denselben Weg, um das Grundstück zu verlassen. Oft lässt sich das Problem lösen, wenn man diesen Fluchtweg verbaut, da sie in den wenigsten Fällen eine Alternative suchen. Es muss also keineswegs ein Hochsicherheitstrakt aus dem Grundstück gemacht werden. Junghunde, bei denen sich das Streunen noch nicht eingeschliffen hat, hören damit auf, wenn sie mehr beschäftigt werden (siehe auch: **Artgerecht**).

Ist ein Vierbeiner auf dem Spaziergang entwischt, sollte der Zweibeiner nicht sofort die ganze Gegend durchkämmen. Auch wenn einem das Warten wie eine halbe Ewigkeit vorkommt, ist es empfehlenswert, an der Stelle zu bleiben, an der der Hund entwischt ist. Hunde kehren in den meisten Fällen zu dem Punkt zurück, von dem sie gestartet sind. Sollte er nicht auftauchen, kann man ein Kleidungsstück hinlegen und nach einer gewissen Zeit immer mal wieder zurückkehren. Es kann gut sein, dass der Vierbeiner auf einmal brav danebensitzt und seinerseits auf sein Frauchen oder Herrchen wartet. Der Hund sollte in der Folge angeleint bleiben und mit ihm ein gezieltes Training durchgeführt werden (siehe auch: **Schleppleine**).

Da es nicht einfach ist, die tatsächlichen Ursachen fürs Streunen herauszufinden, ist es ratsam, einen Hundeexperten einzubeziehen, der dabei hilft, den wahren Grund herauszufinden und der einen individuellen Trainingsplan erstellt.

Taucht man die Schnauze in die Pfütze, wird der Hund stubenrein

Jeder Hundeliebhaber freut sich auf den Moment, wenn der tapsige Welpe ins Haus kommt. Doch sofort beginnt die erste wirkliche Herausforderung: Der Kleine muss sauber werden. Einige Halter hätten hierfür auch einen Tipp parat: Einfach die Schnauze in die Pfütze tauchen, und er wird schnell stubenrein sein. Denn seinen eigenen Urin zu riechen, ist ihm sehr unangenehm. So merkt er sich rasch, dass er nicht mehr in die Wohnung machen darf. Das ist purer Unsinn!

Kein Welpe kann dadurch begreifen, dass er seine Geschäfte nicht drinnen erledigen darf. Diese seltsame Methode verstört ihn eher, weil er die Reaktion seines Menschen nicht verstehen kann. Außerdem ist die Schnauze einer der sensibelsten Körperteile des Hundes. Aus diesen Gründen muss das Eintauchen unterlassen werden! Einen jungen Hund stubenrein zu machen, erfordert Geduld! Viele Welpen brauchen ein paar Wochen, bis sie es geschafft haben, was völlig normal ist. Wuchsen sie mit ihrer Mutter in einem begrenzten Bereich auf, in dem sie auch alle ihre Geschäfte erledigten, wird der Welpe anfangs auch in seinem neuen Zuhause überall hinmachen. Er hat ja nie gelernt, dass es dafür einen anderen Ort gibt. Welpen, die zusammen mit ihrer Mutter das Lager verlassen konnten, haben es leichter, denn sie kennen schon, sich draußen zu erleichtern. Für diese Welpen ist es selbstverständlich, hinauszugehen, sie werden nach kurzer Zeit bereits sauber sein. Unabhängig davon, wie lange das Tier braucht, kann man Hundebesitzer beruhigen: Jeder Welpe lernt, stubenrein zu werden!

Ist der Tag gekommen und der kleine Vierbeiner wird abgeholt, ist die Wahrscheinlichkeit sehr hoch, dass er bei der Ankunft vor lauter Aufregung pinkeln muss. Sein neuer Besitzer sollte ihn erst einmal in Ruhe nach draußen führen, wo der Welpe schnüffeln kann, und so lange warten, bis er macht. Danach ist ausreichend Zeit, ihm sein neues Heim zu zeigen (siehe auch: **Eingewöhnungszeit**).

Es heißt, dass man den Welpen immer nach dem Fressen, Trinken und Schlafen hinausführen muss. Das mag für viele Vierbeiner stimmen, aber nicht für alle. Es ist eine Richtlinie, wann man ihn unbedingt hinausbringen sollte. Doch gern machen sie auch zwischendurch! Daher sollte man seinen Kleinen anfangs immer gut beobachten. Schnüffelt der Welpe intensiv oder dreht er sich sogar im Kreis, wird er vermutlich müssen. Dann sollte ihn sein Besitzer sofort nach draußen und am besten immer an die gleiche Stelle bringen. So lernt er sein »Örtchen« kennen!

Nun gibt es noch die ganz hartnäckigen Fälle, bei denen ein Hundebesitzer sicher ist, dass sein Hund es nie lernt. Er geht mit seinem Vierbeiner eine Runde, aber es ist wie verhext, er pinkelt nicht. Kaum sind sie daheim, setzt sich der Kleine mitten ins Wohnzimmer und entleert seine Blase. Dieser Welpe fühlt sich im Freien noch unsicher und wartet, bis er wieder in den sicheren vier Wänden ist. Oder Zwei- und Vierbeiner sind draußen unterwegs, und der neugierige Welpe erlebt so viel, dass er mehr damit beschäftigt ist, die Eindrücke zu verarbeiten, als sich zu erleichtern. Deshalb ist es wichtig, langsam mit ihm zu gehen und ihn an schon bekannten Stellen schnüffeln zu lassen. Dadurch nimmt das Hündchen wenig neue Reize auf, da es vielleicht sogar schon nach ihm riecht, und so kann er daran »denken«, hier zu pinkeln.

Wenn in der Wohnung das Unglück erneut geschieht, kann man den Urin mit einem Haushaltstuch aufsaugen und es draußen an »sein Örtchen« legen, um den Kleinen daran zu erinnern, wo es erwünscht ist.

Jeder Hundehalter hat erst einmal schlaflose Nächte, denn der Welpe muss öfter hinausgebracht werden. Damit der Besitzer den Zeitpunkt nicht verpasst, ist eine Hundebox für den Anfang als Schlafplatz hilfreich. Auch kann man ein Körbchen in einen Umzugskarton stellen oder ausbruchssicher zubauen. Denn im Normalfall beschmutzt ein Vierbeiner seinen Schlafplatz nicht. So lernt er, sich bemerkbar zu machen, wenn er rausmuss. Hört der Halter seinen Liebling fiepen, ist Eile geboten. Mit zerzausten Haaren sieht man den Hundebesitzer mit seinem Welpen auf dem Arm hinauseilen. Verschlafen versucht er, seinen putzmunteren Hund davon zu überzeugen, dass er pinkeln und nicht spielen soll. Egal ob tagsüber oder nachts, der Welpe sollte immer verbal gelobt werden, wenn er draußen seine Geschäfte verrichtet hat. Nur so begreift er, wie wichtig es ist, dafür hinauszugehen.

Doch jeder Halter sollte darauf gefasst sein, dass immer mal wieder das ein oder andere Malheur passiert. Denn je nach Entwicklungsschub, vor allem beim Zahnen mit ungefähr sechzehn Wochen, kann es erneut vorkommen, dass der Vierbeiner in die Wohnung macht. Ertappt man ihn, wie er sich gerade hinsetzt, sollte man ihn auf der Stelle hinausbringen oder sogar tragen. Ein klares entrüstetes »Pfui!« ist ebenso angebracht. Wird der Zeitpunkt übersehen, bleibt nichts anderes übrig, als das Malheur kommentarlos wegzuputzen. Denn der Hund hat eine Verknüpfungszeit von zwei Sekunden und kann ein zu spätes Maßregeln nicht mit dem Malheur in Verbindung bringen. Man sollte dann die Stelle mit einem Putzmittel wie etwa Essigreiniger säubern, damit sie nicht mehr nach ihm riecht.

Eines Tages ist es dann geschafft! Der Besitzer ist ganz verwundert, dass sein Junghund plötzlich stubenrein ist. Bedenken sollte jeder Hundehalter, dass je jünger die Vierbeiner sind, sie noch nicht so lange aushalten können wie die Älteren unter ihnen. Doch das geht vorbei, und dann kann der Besitzer wieder entspannt durch die Wohnung laufen, ohne nach Pfützen Ausschau halten zu müssen.

Auf Dauer langweilen **Suchspiele** jeden Hund

Egal ob Beagle, Malteser, Labrador, Basset oder Schäferhund, alle Hunde orientieren sich vorrangig mit ihrer Nase. Gerade die verschiedenen Suchspiele sind deshalb für sie eine große geistige Herausforderung und machen ihnen viel Spaß.

Jede Hundenase und die damit verbundene Riechleistung ist etwas Faszinierendes. Nicht nur, dass Vierbeiner extrem viele Gerüche wahrnehmen und sie voneinander unterscheiden können, sie wissen auch, aus welcher Richtung die Geruchspartikel kommen, und können daher der richtigen Spur folgen.

Sicher gibt es Hunde, die sich anscheinend kaum für ein Suchspiel interessieren. Doch meistens sind eher die Halter davon überzeugt, dass diese Spielart auf Dauer ihren Vierbeiner langweilt. Denn schaut man genauer hin, dann sieht man, wie lustlos der Besitzer mehrere Leckerlis auf den Boden wirft. Zwar läuft der Hund hin und frisst sie, aber er geht danach desinteressiert weg. Kein Wunder, dass der Besitzer glaubt, seinen Vierbeiner würde das Spiel langweilen. Doch das stimmt nicht! Richtig eingesetzt machen Suchspiele Halter und Hund viel Spaß. Vielen Tieren erleichtert man die lustvolle Suchkarriere, wenn man mit Futter beginnt, das sie finden müssen. Der Besitzer nimmt ein Leckerli in die Hand, zeigt es seinem Vierbeiner und wirft es ein kleines Stück weg. Sofort wird dieser hinterherlaufen und es fressen und danach seinen Halter schwänzelnd und erwartungsvoll anschauen. Der Besitzer nutzt dann die Aufmerksamkeit des Hundes und geht zu verbalen Kommandos über. Er sagt animierend »Such!« und wirft wieder einen Futterhappen. Während der Hund schnüffelt, verteilt er weitere Leckerlis, sodass der Hund sie nicht gleich bemerkt. Kommt das Tier zurück, zeigt der Mensch mit ausgestrecktem Arm in die Richtung, in der die Leckerlis liegen. Da der Hund stark auf die Körpersprache des Menschen achtet, ist das Zeigen für ihn eine Hilfe, denn er kann sich vertrauensvoll darauf verlassen, dort etwas zu finden (siehe auch: **Körpersprache**). Oder man legt eine Futterspur; das kann ein größerer Kreis sein, eine gerade oder eine Schlangenlinie. Währenddessen muss der Hund warten, und man kann dafür die Kommandos »Sitz! und Bleib!« oder »Platz! und Bleib!« auffrischen. Wichtig ist dabei, die Futterhappen so zu legen, dass der Hund von einem zum nächsten schnüffeln kann, ohne dabei eines auszulassen. Nun wird dem erwartungsvollen Vierbeiner das Kommando »Such!« gegeben, und dieser beginnt aufgeregt mit der Spurensuche. Der Besitzer sollte daran denken, nach dem ersten Kommando keine weiteren folgen zu lassen, denn das würde den suchenden Hund ablenken. Schaut der Hund ihn allerdings fragend an, sollte man ihn mit freudiger Stimme zum Suchen auffordern und in die richtige Suchrichtung zeigen. Hat der Hund den Sinn des Spiels begriffen, kann es variiert werden, indem größere Abstände gelegt werden oder eine Schachtel versteckt wird, in der sich ein Leckerli befindet. Da das Suchspiel für einen Hund anstrengend ist und volle Konzentration erfordert, freut er sich als Abschluss über ein Ball- oder ein Zerrspiel (siehe auch: **Zerrspiele**). Merkt der Besitzer, dass sein Vierbeiner lustlos wird, sollte er das Spiel beenden und beim nächsten Mal früher aufhören, damit er als Ranghoher das Spielende vorgibt (siehe auch: **Rangfolge**).

Haben Hunde die Freude am Schnüffeln entdeckt, ist es für sie eine Herausforderung, nicht nur Futter zu suchen, sondern auch versteckte Gegenstände. Das kann ein Taschentuch, ein Handschuh oder sein Spielzeug sein. Diese Gegenstände bleiben interessant, wenn der Hund sie nur zum Suchen bekommt. Ist man unterwegs, kann man sie einfach fallen lassen und weiterlaufen. Anschließend kann der Hund mit einem Kommando wie »Such!« zurückgeschickt werden, wenn er bereits apportieren gelernt hat (siehe auch: **Apportieren**). Sicher ist er dann stolz darauf, sie gefunden zu haben, und wird sie seinem Menschen bringen. Selbstverständlich sollte er jedes Mal für seine Leistung ausgiebig gelobt werden. Ist der Vierbeiner eher desinteressiert an Gegenständen, kann man ihm diese sozusagen schmackhaft machen, indem Leckerlis daraufgelegt werden oder man selbst damit spielt. Ganz sicher weckt das seine Neugierde, und er wird mit Freude auch Objekte suchen.

Um ein Suchspiel spannend zu gestalten, kann draußen etwas hinter einem Busch oder Baumstamm und sogar an einem Ast versteckt werden. Aber auch drinnen können ein Sofa, ein Schrank, Stühle und Türen wunderbare Verstecke sein. Wurde viel geübt, kann der Besitzer den Gegenstand auch so verbergen, dass sein Hund nicht sehen kann, wo er liegt, und wirklich seiner Spürnase vertrauen muss. Oder sein Mensch irritiert ihn durch Hin- und Herlaufen und tut ab und zu so, als ob er etwas hinlegt.

Bei allen Suchspielen sollte der Hund generell lernen, dass sie nur in Zusammenarbeit mit seinem Menschen funktionieren. So werden sie bei jedem Wetter für den Zwei- und Vierbeiner zu einem spannenden Abenteuer.

T

Tierkinesiologie für Hunde ist purer Unsinn

Ein zwei Jahre alter, gut erzogener und anhänglicher Mischling kommt zu einem neuen liebevollen Besitzer. Doch nach kurzer Zeit verzweifelt dieser, weil sein Hund, sobald sie unterwegs sind, nur auf der Suche nach Holz ist. Liegt ein Stock herum, beißt er ihn in Stücke und schluckt sie sofort hinunter, was nicht ungefährlich ist. Schafft es sein Mensch, das Holz wegzunehmen, holt er sich augenblicklich ein neues. Weder verteidigt er es, als sei es seine Beute, noch ist er aggressiv gegen seinen Menschen. Eher wirkt er wie ferngesteuert – direkt zwanghaft. Der Besitzer probiert vieles aus. Er versucht ihn mit Leckerlis abzulenken, schubst ihn grob weg und zieht an der Leine. Aber nichts hilft, nicht einmal die Trainingsdisc oder die Wasserspritze (siehe auch: **Strafen**). Der verzweifelte Besitzer überlegt, ihm einen Maulkorb anzulegen. Dies verwirft er allerdings gleich wieder, weil Fremde sonst meinen könnten, der Hund sei aggressiv. Zufällig spricht er mit einer Nachbarin über das Problem. Sie erzählt ihm von ihrem Dackel, der nach der Kastration im hohen Alter plötzlich nicht mehr aus dem Haus gehen wollte. Ihre Tierärztin hatte ihr eine Tierkinesiologin empfohlen. Der Mischlingsbesitzer hat den Begriff Kinesiologie für Menschen (Alternativmethode zum Finden von Blockaden) schon mal gehört, doch bei Hunden hält er es für puren Unsinn. Die

Nachbarin betont, ihrem Dackel habe es geholfen, und er gehe seitdem wieder mit Freude spazieren.

Da der Halter sich wirklich nicht mehr zu helfen weiß, ruft er bei der Tierkinesiologin an. Für den kinesiologischen Test soll er ein Foto seines Mischlings und ein paar Hundehaare zuschicken. Nach ein paar Tagen ruft die Tierkinesiologin den Halter an und teilt ihm das Ergebnis mit. Sein Hund hängt noch in den alten Emotionsmustern fest, die Unzufriedenheit auslösen. Um dies auszugleichen, kaut das Tier auf Holz. Der Halter kann bestätigen, dass der Vierbeiner aus Zeitmangel abgegeben wurde und gestresst auf ihn wirkte.

Damit der Hund sein zwanghaftes Verhalten ablegen und entspannen kann, werden noch bestimmte Bachblüten und Schüßler-Salze ausgetestet. Die Tierkinesiologie zeigt Wirkung, denn beim nächsten Spaziergang schnuppert der Mischling zwar noch am Holz, nimmt es auch ab und zu ins Maul, frisst es aber nicht mehr. Ein »Aus!« ist ausreichend, damit er es freiwillig fallen lässt. Der Hundehalter ist froh, dass er die Tierkinesiologie in Anspruch genommen hat. Vor allem, wenn man bedenkt, dass kein Tier auf einen Placeboeffekt hereinfallen und seinem Besitzer nichts vorspielen kann.

Wie kann man sich eine kinesiologische Anwendung vorstellen? Anhand eines Fragenkatalogs, den der Tierkinesiologe während seiner Ausbildung erarbeitet hat, wird das Tier mithilfe einer Testperson, die es ersetzt, ausgetestet. Denn der notwendige Muskeltest kann nicht am Tier selbst durchgeführt werden. Dadurch bekommt der Tierkinesiologe ein Bild von dessen Allgemeinzustand. Ebenso kommen die Themen zum Vorschein, die den Hund beeinflussen wie Unsicherheit, Wut, Unzufriedenheit oder auch der Selbstschutz. Zusätzlich kann ausgetestet werden, ob die Ernährung umgestellt werden sollte oder der Vierbeiner durch seine Umgebung oder andere Tiere gestresst wird. Ebenfalls kann getestet werden, ob dem Hund ein homöopathisches Mittel, eine bestimmte Trainingsart oder Beschäftigung hilft. Dazu zählt auch die emotionale Stressablösung, bei der wieder die Testperson benötigt wird. Sie ist sozusagen der Dolmetscher zwischen dem Tier und dem Tierkinesiologen, da sie die Gefühle und Impulse des tierischen Klienten wahrnimmt.

Ziel dieser Methode ist, die Ursache für die Problematik zu finden und zu entstressen. Denn solange diese existiert, kann keine langfristige Veränderung eintreten. Es ist vergleichbar mit einem Vulkan. Solange er aktiv ist, kann man immer davon ausgehen, dass er wieder Lava spuckt, aber nie ganz erlöschen wird. Jedes Problem, ob psychisch oder körperlich, bedeutet Stress für das System des Tieres (siehe auch: **Stress**).

Die Tierkinesiologie ist mit all ihren verschiedenen Varianten eine erfolgreiche Alternativmethode, die einen tieferen Einblick in das Tier und dessen Probleme gewährt. So können die Blockaden, die durch Jahre zurückliegende Traumata entstanden sind, gelöst werden. Auch lassen sich Angst, Nervosität und Aggression kinesiologisch bearbeiten oder auch bevorstehende Ereignisse wie eine Flugreise. Durch diese ganzheitliche Methode, bei der individuelle Lösungswege gefunden werden, können Zwei- und Vierbeiner wieder freudig ihr gemeinsames Leben genießen.

Tierpsychologen sind das Gleiche wie Hundetrainer

Beim Thema Hundeausbilder gibt es verschiedene Meinungen. Einige Hundebesitzer sind der Ansicht, dass der einzige Unterschied zwischen Hundetrainern und Tierpsychologen darin besteht, dass der Tierpsychologe um einiges teurer ist, jedoch das Gleiche bewirkt. Manch andere würden nie einen Hundetrainer in Anspruch nehmen, denn sie schwören auf die Hilfe des Verhaltensberaters. Im Gegensatz dazu sind einige Hundehalter sogar fest davon überzeugt, dass Tierpsychologen absolut überflüssig sind, weil sie einmal erfolglos einen konsultiert haben. Fragt man sie nach dem Grund, kommt meistens die Antwort, dass der Hund das unerwünschte Verhalten nach einer Woche immer noch gezeigt hat. Auch Tierpsychologen können keine Wunder vollbringen. Sie sehen es – ebenso wie Hundetrainer – als ihre Aufgabe, Hundebesitzern das Zusammenleben mit ihrem Vierbeiner zu erleichtern. Sie haben jedoch unterschiedliche Arbeitsfelder. Der klassische Hundetrainer ist für die Lernentwicklung und für Beschäftigungsmöglichkeiten zuständig. Er zeigt dem Halter, wie er seinem Vierbeiner die Grundkommandos beibringen und das Gelernte festigen kann. Außerdem gibt er Tipps und steht mit Rat und Tat zur Seite, damit aus einem Welpen ein wohlerzogener erwachsener Hund werden kann. Der Tierpsychologe hingegen kümmert sich um die schwierigeren Fälle, die aufgrund ihrer Verhaltensstörung einen speziellen Umgang und erzieherische Maßnahmen benötigen (siehe auch: **Verhaltensstörungen**).

Zur Veranschaulichung: Ein Hundeliebhaber holt eine Schäferhund-Collie-Hündin aus dem Tierheim. Ihm wurde gesagt, dass sie oft Leute anbellt, was auch der Abgabegrund war. In ihrem neuen Zuhause hat sich ihr Verhalten allerdings nach den ersten Wochen gesteigert, vermehrt kläfft sie Artgenossen an und schnappt sogar nach einer Passantin, die den Halter nach dem Weg fragt. Das Merkwürdige ist, dass sie das nicht immer macht. Es gibt auch Tage, an denen sie alles ignoriert, was auf sie zukommt. Da sich der Besitzer nicht zu helfen weiß, geht er in eine nahegelegene Hundeschule. Dort bekommt er den Tipp, mit ihr öfter die Grundkommandos zu üben, damit sie besser auf ihn hört. Dadurch werde sich das Bellen wahrscheinlich wieder legen. Der Trainer meint, die Hündin hätte zu viel Langeweile. Dies mag stimmen, wenn Hunde dieses Verhalten regelmäßig zeigen und es sich aus Langeweile zur Unterhaltung selbst beigebracht haben. Häufig ist das dann ein monotones Bellen, was keine Auffälligkeit sein muss. Die Schäferhund-Collie-Hündin zeigte dagegen ein nervöses Kläffen. Außerdem hat sich ihr Verhalten verschlimmert, deshalb konnte der Hundetrainer hier nicht sinnvoll weiterhelfen. Sie ist ein Fall für den Tierpsychologen. Dieser beschäftigt sich wesentlich intensiver mit einer Verhaltensstörung und geht der Sache auf den Grund. Er führt gezielte Tests durch, um eine Auffälligkeit richtig einstufen zu können. Hierzu wird der Hund bewusst mit der Situation konfrontiert, die das unerwünschte Verhalten auslöst. Damit der Tierpsychologe feststellen kann, ob dieser Hund wirklich immer zum Angriff übergeht oder sich auch zurückzieht, provoziert er ihn, indem er unter anderem frontal auf ihn zuläuft und ihn durch seine Körperhaltung bedroht. Bei dem Test mit der Schäferhund-Collie-Hündin zog sich der Vierbeiner zurück. Das heißt, dass er im Grunde sehr unsicher ist und eher aus Angst aggressiv reagiert.

Um einen Trainingsplan für den Mischling auszuarbeiten, wird der Tierpsychologe auch die häusliche Situation anschauen und ein ausführliches Gespräch mit dem Besitzer führen. Dazu gehört auch zu wissen, wo das Körbchen steht und der Hund gefüttert wird. Ebenfalls erkundigt er sich nach dem kompletten Tagesablauf und danach, wer alles mit ihm Gassi geht, mit ihm trainiert, wo er herkommt und ob er nach den Bedürfnissen seiner Rasse oder seines Ursprungs lebt. Nachdem sich der Experte so einen Überblick verschafft hat, kann er eine erste Diagnose stellen und eine individuelle Verhaltenstherapie ansetzen.

Ein Tierpsychologe ist in den unterschiedlichen Bereichen ausgebildet, sodass er eine Problematik von verschiedenen Gesichtspunkten aus betrachten kann. So findet er die optimale Methode heraus, wie sich ein Hund zum Positiven verändern kann. Bei der Schäferhund-Collie-Hündin wird eine Angstaggression diagnostiziert, die eine Videoanalyse bestätigt. Daher braucht sie ein spezielles Training, das ihr Sicherheit vermittelt und die Bindung zu ihrem Besitzer stärkt (siehe auch: **Beziehungen, Rangfolge**). Parallel dazu bekommt der Halter eine Anleitung, wie er sich in schwierigen Situationen richtig verhalten kann.

Wäre der Hundehalter in der Hundeschule geblieben, hätte er seinen Vierbeiner mit einem Grundgehorsamkurs überfordert. Das unerwünschte Verhalten hätte sich wahrscheinlich weiter verschlimmert, da die Hündin noch nicht so weit gewesen wäre, um mit anderen Artgenossen erfolgreich lernen zu können. Für sie hätte das nur weiteren Stress bedeutet (siehe auch: **Stress**). Zu einem späteren Zeitpunkt ist eine Hundeschule sicherlich empfehlenswert.

Heutzutage sind ausgebildete Tierpsychologen sehr gefragt, denn auch die Zahl der verhaltensauffälligen Hunde wird immer größer. Ein Grund dafür ist sicher die zunehmende übertriebene Vermenschlichung. Viele Zweibeiner können meistens nur aus menschlicher Sicht mit dem Hund umgehen. Menschen sind wesentlich kompromissbereiter und emotionaler als Tiere. Sie lassen den Hunden viel zu viel durchgehen, mal dürfen die Hunde bestimmen, mal nicht, was sie völlig überfordert. Vor allem wird zu viel mit ihnen geredet, und sie werden zu sehr verwöhnt. Da der Hund Wortbedeutungen nicht versteht und die menschliche Körpersprache anders als die hündische ist, führt das zu Missverständnissen (siehe auch: **Körpersprache, verstehen**). So glaubt mancher Hund, die Verantwortung für den Menschen übernehmen zu müssen, was unweigerlich Verhaltensauffälligkeiten nach sich zieht (siehe auch: **Alphahunde**).

Tierpsychologen können dem Hundebesitzer helfen, seinen Vierbeiner zu verstehen, und an Beispielen verdeutlichen, wie Hunde denken. Dann gehören Sätze wie: »Das hat er noch nie gemacht!«, »Das war eine Ausnahme!«, »Der Hund hat bestimmt einen Grund, weshalb er sich so benimmt!« der Vergangenheit an.

Alle Hunde aus dem **Tierschutz** sind dankbar

Der Hund gehört zu den beliebtesten Haustieren. Viele von ihnen kommen heutzutage von einer Tierschutzorganisation oder aus dem Tierheim, und es werden immer mehr. Hundeliebhaber, die oft aus Mitleid handeln, möchten diesen Vierbeinern ein schönes Zuhause bieten. Sie wollen ihnen dabei helfen, ihre schlechte Vergangenheit zu vergessen. Internet und Zeitungen sind voll von jungen und alten Hunden in Not. Sie sind klein, mittelgroß oder groß, meistens kastriert, gechipt und geimpft. Ein Großteil dieser Tiere wird als verschmust, etwas schüchtern, aber sehr liebebedürftig angepriesen. Viele Hundeliebhaber meinen, dass diese Vierbeiner dankbar sind, ein Zuhause zu bekommen. Es scheint keinen zu geben, der problematisch ist und Schwierigkeiten hat, in einer neuen Umgebung und bei Menschen zu leben. Das ist ganz und gar nicht so! Hunde aus dem Tierschutz sind keineswegs alle dankbar oder verträglich, lieb, anhänglich und freundlich. Natürlich gibt es auch Tiere, die wirklich froh sind, ein neues Zuhause gefunden zu haben, und bei denen Beschreibungen wie friedlich, zutraulich, verschmust zutreffen. Doch diese sind eher die Ausnahmen. Der größte Teil von ihnen hat vor allem Angst, ist unsicher und misstrauisch. Angesichts ihrer Herkunft wird deutlich, dass sie nicht gerade die positiven Seiten des Hundelebens kennengelernt haben. Außerdem heißt es, sie brauchen einen liebevollen Menschen, um Vertrauen zu fassen. Doch die bittere Wahrheit ist, dass viele oft Probleme mit Männern haben, mit neuen Situationen überfordert oder sogar traumatisiert sind und schnappen. Dies zu schreiben wäre zwar ehrlich, doch schreckt es viele potenzielle Interessenten ab.

Hat ein Hundeliebhaber solch einen Vierbeiner »gerettet«, glaubt er, dem neuen Mitbewohner alle Liebe geben zu müssen. Er versucht, ihn so dicht wie möglich bei sich zu haben, spricht beruhigend auf ihn ein und will ihn viel streicheln. Doch diese Hunde brauchen Ruhe, damit eine behutsame Annäherung an ihren Menschen stattfinden kann. Sie zu bedauern, weil sie eine schlechte Vergangenheit hatten, ist grundfalsch, da ein Hund im Hier und Jetzt lebt. Hat er durch seine Vergangenheit ein auffälliges Verhalten, kann ein Hundeexperte oder ein Tierkinesiologe wesentlich mehr bewirken als Mitleid (siehe auch: **Angst**, **Tierkinesiologie**, **Tierpsychologen**). Diese Tiere brauchen eine längere Eingewöhnungszeit, wenig Reize, und ihr Besitzer sollte ihnen Sicherheit vermitteln. Auch sind kurze Spaziergänge in derselben Gegend in den ersten Wochen ausreichend. Man muss bedenken, dass diese Hunde häufig nicht viel kennen und ein normaler Alltag, viele Menschen und Geräusche für sie Neuland sind. Trotzdem sollte der Halter daran denken, dem Hund früh genug auf positive Weise zu vermitteln, was er darf und was nicht. Denn ein ehemaliger »Notfall« tickt neben seinen möglichen Verhaltensauffälligkeiten genauso wie alle seine Artgenossen (siehe auch: **Verhaltensstörungen**). Lässt man ihm erst einmal seine Freiheiten und zu oft seinen Willen, kann es passieren, dass er sich nach ein paar Monaten ändert. Er hat sich eingelebt, fühlt sich sicher und kann nun austesten, wie ernst gemeint die Kommandos oder Regeln sind. Er wird auf einmal immer fordernder, läuft weiter weg, ist nicht mehr so anhänglich und legt ein wesentlich selbstbewussteres Verhalten an den Tag.

Auch erwachsene Hunde aus dem Ausland, die lange auf der Straße gelebt haben, werden nach Deutschland geholt. Sie haben nie gelernt, sich am Menschen zu orientieren, sondern wurden von ihm verjagt. Auf sich allein gestellt, hatten sie kaum Stress und meist ihren Platz unter den anderen herrenlosen Hunden. Werden sie dort herausgerissen und in eine für sie komplett neue Situation gebracht, überfordert sie dies. Ebenso kennen sie ein Leben im Haus oder in einer Wohnung nicht. So werden ihre Besitzer mit ihnen jahrelang Schwierigkeiten haben. Sie sind scheu, weichen den Menschen aus und lassen sich nicht anfassen oder anleinen. Solche Tiere brauchen hundeerfahrene Halter, die sehr viel Geduld wie auch ein gutes Einfühlungsvermögen haben, viel Zeit investieren und wissen, dass es Jahre dauern kann, bis sie einen annähernd gesellschaftstauglichen Vierbeiner haben.

Tierschutz ist auf alle Fälle wichtig, und mittlerweile gibt es Gott sei Dank viele Tierschützer, die versuchen, Hunden bereits im Herkunftsland ein besseres Leben zu ermöglichen. Sie sprechen unter anderem mit Behörden und besuchen ehrenamtliche Helfer im Land. Auch werden Straßenhunde kastriert, die weiterhin in ihrem gewohnten Lebensraum bleiben können.

Lässt man nicht nur sein Herz entscheiden, sondern beachtet auch die Charaktereigenschaften des Hundes und informiert sich, ob er wirklich für die eigene Lebensweise geeignet ist, kann auch ein Hund aus dem Tierschutz ein treuer Begleiter auf vier Pfoten werden (siehe auch: **Welpenkauf**).

U

Unfug machen Hunde, um ihren Menschen zu ärgern
Kinder können sich bewusst etwas ausdenken, um beispielsweise einen ungeliebten Lehrer zu ärgern. Ist es wirklich vorstellbar, dass Hunde aus dem gleichen Grund Unsinn anstellen, um ihren Besitzer zu ärgern? Nein, das ist nicht möglich. Hunde stellen etwas an, um ihre momentane Stimmungslage zu verändern. Oft suchen sie Aufmerksamkeit, haben zu viele Freiheiten oder sind unterfordert. Doch warum machen die Vierbeiner aus der Sicht des Zweibeiners Blödsinn? Sie könnten doch auch ihr eigenes Spielzeug benutzen, um sich besser zu fühlen. Könnten sie, doch dann würden sie keine Beachtung – egal ob positive oder negative – von ihrem Menschen bekommen. Würde der Vierbeiner seine Spielsachen zerbeißen oder seine Decke an einen anderen Ort schleifen, würde dies den Besitzer wenig stören. Abgesehen davon steht dem Hund das Spielzeug immer zur Verfügung, so ist er nicht mehr neugierig darauf. Käme er auf die Idee, von seinem geflochtenen Körbchen ein paar Holzstäbe abzubeißen, würde sein Mensch das bestimmt nicht gutheißen. Um einiges wütender wäre dieser dann noch, wenn sein Vierbeiner seine Couch ein wenig »verschönern« würde.

Beispielsweise hat ein Hundebesitzer sein Büro zu Hause, sitzt dort stundenlang an seinem Schreibtisch und arbeitet. Sein Hund sollte eigentlich zufrieden sein, denn er wird tagsüber nicht allein gelassen und kann immer bei seinem Besitzer liegen. Doch der Hund denkt gar nicht daran, sondern startet lieber eine Erlebnistour durch die Wohnung. In der Küche versucht er den Mülleimerdeckel hochzuschieben. Nach einer Weile hat er es geschafft und verstreut den Müll feinsäuberlich auf dem Küchenboden. Einige Käsereste sind eine schmackhafte Belohnung. Anschließend versorgt er im Wohnzimmer die Lieblingspflanze seines Menschen, indem er nicht nur die verwelkten, sondern gleich alle Blätter abzupft. Sein Besitzer hört beim Telefonieren zwar ein Geräusch, hat es aber im selben Moment wieder vergessen. Als ihn die Stille in der Wohnung misstrauisch macht, geht er auf die Suche nach seinem Hund – sicher ist sicher. In der Küche trifft ihn angesichts der stinkenden Unordnung beinahe der Schlag. Verärgert ruft er seinen Vierbeiner, der im Wohnzimmer auf seiner Decke liegt, als ob er kein »Wässerchen trüben« könnte. Als der Halter auch noch die misshandelte Pflanze sieht, ruft er energisch »Pfui!«. Das kommt allerdings eindeutig zu spät, denn der Hund verknüpft dies nicht mehr mit dem angerichteten Schaden. Verärgert denkt das Herrchen, warum sein Liebling nicht die herumliegenden Kauknochen benutzt, mit denen er sich die Zeit vertreiben könnte. Stattdessen ärgert ihn sein Vierbeiner.

Doch das ist nicht richtig! Hunde benehmen sich wie Hunde und sind von ihrem Wesen her nicht in der Lage zu erkennen, was für ihre Menschen Unfug bedeutet. Vierbeiner, die unausgeglichen sind, suchen sich eine für sie interessante Aufgabe. Hunde brauchen immer wieder Abwechslung, weil sie sich nicht ausreichend lange allein beschäftigen können – vor allem nicht sinnvoll im menschlichen Sinn. Besäße der Vierbeiner dieses Talent, wäre er gewiss brav und ruhig. Hat aber sein Halter zu wenig Zeit für ihn, macht er – menschlich gesehen – Blödsinn. Dabei sind Dinge wie Schuhe, Plastikdosen oder Schubladenknäufe sehr verlockend.

Hunde sollten gar nicht erst die Gelegenheit bekommen, Unfug zu machen. Das bedeutet zum Beispiel, Teppiche vorübergehend aufzurollen, Pflanzen hochzustellen und den Mülleimer zu beschweren sowie auch Schuhe in den Schuhschrank zu räumen. Wichtig ist eine geistige Beschäftigung in der Wohnung, die den Vierbeiner müde macht (siehe auch: **Apportieren**, **Suchspiele**). Auch sollte dem bereits erfolgten Unfug keine Aufmerksamkeit geschenkt werden (siehe auch: **Ignorieren**). Dadurch kann der Hund schneller das Neugelernte annehmen. Ebenso sollte man ihm durch klare Ansagen vermitteln, welche Dinge ein absolutes Tabu sind (siehe auch: **Strafen**). Gelingt das, gibt es für den Vierbeiner keinen Grund mehr, Unfug anzustellen.

Hunde **urinieren** grundlos in die Wohnung

Hundebesitzer, deren Lieblinge in die Wohnung urinieren, sind häufig der Meinung, dass ihre Vierbeiner das grundlos tun. Dies ist ein Trugschluss! Hunde machen nicht unabsichtlich in die Wohnung. Ein Hund handelt aus seiner momentanen Befindlichkeit heraus, sei es, dass er protestieren will, zornig ist oder, um seinen Menschen zu provozieren.

Die im Folgenden beschriebenen Situationen verdeutlichen, warum Vierbeiner in die Wohnung machen: Eine Frau hat die Liebe ihres Lebens gefunden. Nach einiger Zeit kommt der Mann regelmäßig zu Besuch. Der Hund ist von dem neuen Lebenspartner nicht begeistert, er grummelt und drängt sich immer wieder zwischen Mann und Frauchen, was diese nicht weiter beachten. Bis zu dem Abend, an dem die Frau ihren Freund mit einem Drei-Gänge-Menü überraschen will. Kaum kommt er zur Tür herein, pinkelt ihr Liebling ihrem Liebhaber ans Hosenbein. Fassungslos schauen beide auf das Malheur. So hat die Besitzerin ihren Vierbeiner noch nie erlebt. Kann es sein, dass er das Hosenbein mit einem Baumstamm verwechselt hat? Nein, er will das andere männliche Wesen mit seinem Geruch überdecken und protestieren. Außerdem zeigt der Vierbeiner, dass er an erster Stelle steht, sein Frauchen sein Besitz ist und er nicht akzeptiert, dass jemand anderes wichtiger ist als er selbst.

Einen anderen Grund zu urinieren hat eine Yorkshire-Hündin, deren mittlerweile dritte Besitzer nach Australien auswandern. Da sie ihr Haustier nicht mitnehmen können, sind sie froh, dass sie Freunde haben, denen die Hündin ans Herz gewachsen ist. Diese übernehmen sie gerne, und so zieht die Kleine bei ihnen ein. Um ihr den Besitzerwechsel so angenehm wie möglich zu gestalten, steht ihr Körbchen wie gewohnt am Bett, und das Spielzeug liegt in Reichweite. Die ehemaligen Halter haben versichert, dass die Hündin alleine bleibt, gut verträglich und selbstverständlich stubenrein ist. Doch als die neuen Besitzer sie das erste Mal ein paar Stunden alleine lassen, hat die Hündin eine Pfütze auf dem Teppich hinterlassen. Da sie vorher mit ihr spazieren waren, gehen sie von einem einmaligen Ausrutscher aus. Doch es wiederholt sich täglich im Lauf der Woche, sobald sie allein ist. Ihre Menschen glauben mittlerweile, dass sie das absichtlich macht, um gegen sie zu protestieren, weil sie ihre alten Besitzer vermisst. Das stimmt jedoch nicht. Sie macht in die Wohnung, weil sie Angst davor hat, wieder verlassen zu werden. Denn das hat sie durch die mehrfachen Besitzerwechsel immer wieder erleben müssen.

Auch gibt es den Vierbeiner, der immer in den Garten gelassen wird, sobald er an der Terrassentür kratzt. Hat er sein Geschäft erledigt und alle Vögel verscheucht, bellt er kurz, um hineingelassen zu werden. Der Mensch ist stolz darauf, wie klug sein Hund ist. Dann kommt überraschenderweise für ein paar Tage Besuch ins Haus. Dadurch hat der Mensch keine Zeit mehr, sofort auf ihn zu reagieren. Das kann der Hund nicht akzeptieren. Nachdem er wie üblich an der Tür kratzt und niemand reagiert, macht er einfach in die Wohnung, direkt vor die Terrassentür. Er verdeutlicht durch das Pinkeln, dass er es keinesfalls duldet, ignoriert zu werden.

All diese Beispiele veranschaulichen, dass das Urinieren nicht grundlos geschieht. Liegt kein medizinischer Befund vor, wie beispielsweise eine Blasenentzündung, sollte die Ursache gefunden und behoben werden. In vielen Fällen kann dabei ein Hundeexperte helfen (siehe auch: **Tierpsychologen**).

Es kommt natürlich auch vor, dass körperliche Ursachen zugrunde liegen. Machen junge Hunde in die Wohnung, weil sie zu lange allein gelassen werden, liegt dies häufig daran, dass sie anfangs öfters ihre Blase und ihren Darm entleeren müssen. Manche Junghunde, männliche genauso wie weibliche, hinterlassen im Überschwang der Begrüßung schon mal ein kleines Pfützchen. Das liegt an ihrem extrem unterwürfigen, kindlichen Verhalten. Sie sind aufgeregt, wedeln dabei heftig mit dem Schwanz und legen sich sogar etwas seitlich auf den Boden. Streichelt der Besuch sie, pinkeln sie los. Das Urinieren kann übrigens auch erwachsenen Tieren passieren, die sehr kindlich sind. Es hilft in jedem Fall, diese Vierbeiner nicht zu begrüßen, sondern sie durch das Ignorieren zu beruhigen (siehe auch: **Ignorieren**).

V

Ein Hund, der **Verhaltensstörungen** zeigt, kann keinen normalen Alltag leben

Heutzutage zeigen immer mehr Hunde Verhaltensstörungen. Es gibt Vierbeiner, die sich im Haus auffällig benehmen wie zum Beispiel ein Dackel-Mix, der jedes Mal weggesperrt werden muss, wenn Gäste kommen. Da der Mix gegen das Aussperren immer heftiger mit Bellen und Fiepen protestiert, kann das Ehepaar bald niemanden mehr einladen. Manche Hunde geraten draußen bei jeder Begegnung außer sich. Diese Tiere trifft man selten auf der Straße, weil viele Besitzer sich für das Auftreten ihrer Hunde schämen und deshalb jeglicher Konfrontation aus dem Weg gehen. Genauso ergeht es der Halterin eines lockigen schwarzen Mixes aus Schnauzer und Berner Sennenhund. Artgenossen mag er gar nicht, er bellt bei ihrem Anblick fürchterlich und fletscht die Zähne. Noch dazu springt er in die Leine, sodass seine Besitzerin ihn kaum halten kann. Andere Hundehalter haben sie deshalb beschimpft, ihr schwarzer Vierbeiner sei ja gemeingefährlich, und sie hätte sich lieber einen kleinen Hund holen sollen. Das kann sie nicht mehr hören, denn ihr Mischling hat auch eine überaus liebenswürdige Seite. Bei ihr ist er lammfromm und kuschelt gern. Nur lebt sie nicht auf einem einsamen Bauernhof, sondern in einer Wohnsiedlung, in der Garten an Garten grenzt und wo viele andere Vierbeiner zu Hause sind. So vermeidet sie jede Art von tierischer Begegnung und geht nur noch zu atypischen Zeiten vor die Haustür. Morgens um fünf Uhr macht sie die erste Runde mit ihm, am Vormittag geht sie mit ihm an der Leine durch den Garten, weil sie Angst hat, dass er beim Anblick von Artgenossen über den Zaun springen könnte. Nachmittags fährt sie in ein Waldstück, in dem sie mit ihm allein entspannt spazieren geht. Sie hat sich angewöhnt, die ganze Gegend im Auge zu behalten, damit sie rechtzeitig reagieren kann, falls ein anderer Vierbeiner sich nähern sollte. Sie träumt davon, einmal stressfrei mit ihrem Liebling aus der Tür gehen zu können, doch sie ist sich sicher, dass sie mit ihrem verhaltensauffälligen Mix nie einen normalen Alltag leben kann. Doch das muss wirklich nicht sein!

Beinahe jeder Hund, der im Alltag problematisch ist, kann sein Verhalten ändern. Zu oft akzeptieren Hundebesitzer das unerwünschte Benehmen und arrangieren sich damit, indem sie ihr Leben voll und ganz nach ihm richten. Sie meinen, dass sie mit ihrem Vierbeiner Pech haben und sie ihn so nehmen müssen, wie er ist. In solchen und anderen extremen Fällen ist es ratsam, einen erfahrenen Hundeexperten in Anspruch zu nehmen (siehe auch: **Tierpsychologen**). Auch kann ein Tierkinesiologe eine zusätzliche Hilfe sein (siehe auch: **Tierkinesiologie**). Meistens ist es vorteilhaft, mit dem Training im Haus zu beginnen und den Hund auch dort zu beschäftigen (siehe auch: **Apportieren**, **Suchspiele**, **Zerrspiele**). Da es dort wenig Ablenkung gibt, ist das Tier entspannter und kann stressfreier lernen (siehe auch: **Stress**).

Erst wenn der Vierbeiner sich immer besser an seinem Menschen orientiert, können die Übungen im Außenbereich fortgesetzt werden. Beispielsweise kann ein ängstliches Tier lernen, auf den Befehl »Schau!« den Besitzer anzuschauen, bis das, was ihn ängstigt, vorbei ist (siehe auch: **Angst**, **Augen schauen**). Ein Hund, der keine Artgenossen oder fremde Menschen mag, kann durch ein Spiel oder durch Futter auf seinen Halter umgelenkt werden. Wichtig ist, einen so großen Abstand zu dem Auslöser zu halten, dass sich der problematische Vierbeiner noch auf seinen Menschen konzentrieren kann.

Oft ist es hilfreich, nacheinander Leckerlis auf den Boden zu werfen. Da der Hund diese suchen wird, beginnt er sich zu entspannen und lernt, dass es viel mehr Erfolg mit sich bringt, auf seinen Besitzer zu achten als auf seine Umwelt. Diese Übungen müssen über einen längeren Zeitraum durchgeführt werden, bis sich das Gelernte gefestigt hat. Haben Zwei- und Vierbeiner eine gute Beziehung miteinander aufgebaut, sollten auch die Grundkommandos wie »Sitz!«, »Platz!« und »Komm!« zum Trainingsprogramm gehören (siehe auch: »**Komm!**«, **Leinenführigkeit**, »**Sitz!**« oder »**Platz!**«). Übt der Besitzer konsequent weiter, können immer öfter normale Spaziergänge stattfinden. Dabei kann begonnen werden, das Tier immer mehr mit fremden Menschen oder Artgenossen zu konfrontieren. Der Hund hat mittlerweile gelernt, zuverlässig zu folgen, sich dadurch auf seinen Menschen zu verlassen und ruhiger zu bleiben.

Viele Hundehalter, die seit Längerem einen verhaltensauffälligen Vierbeiner besitzen, sind gestresst und unsicher (siehe auch: **Gefühle**). Daher ist es empfehlenswert, die ersten Spaziergänge in Begleitung eines Hundeexperten zu machen. Es ist erstaunlich, wie ruhig und selbstbewusst Besitzer sind, wenn sie von ihm begleitet werden. Auch legen viele Halter zu viel Gewicht auf die unerwünschten Dinge (siehe auch: **Strafen**). Ein Tierpsychologe kann darauf aufmerksam machen und zeigen, wie dem erwünschten Verhalten mehr Beachtung geschenkt werden kann.

Hunde verstehen jedes Wort

Die meisten Hundebesitzer sind stolz darauf, dass ihr Vierbeiner jedes Wort versteht, ja, sogar ganze Sätze. Schließlich führen sie täglich viele Unterhaltungen mit ihm und schwören, dass ihr Liebling ihnen mit einem verständnisvollen Blick oder sogar einem zustimmenden Bellen antwortet. Auch erklären sie ihm mit Vorliebe Verschiedenes, wie zum Beispiel, warum sie jetzt nicht über die Straße mit ihm gehen können, obwohl er dorthin zieht. Zusätzlich stellen sie ihm ebenso gerne Fragen, wie: »Bist du müde?«, obwohl sie darauf noch nie eine Antwort bekommen haben. Und sie sind überzeugt davon, dass sie anhand der Mimik ihres Hundes genau wissen, dass der sie verstanden hat.

Beispielsweise liegt ein Vierbeiner entspannt auf dem Teppich und ahnt nichts vom bevorstehenden Tierarztbesuch, vor dem er sich so fürchtet. Sein Mensch versucht es ihm mit folgenden Worten schmackhaft zu machen: »Wir müssen einfach zum Doktor, da führt kein Weg daran vorbei. Du brauchst aber wirklich keine Angst zu haben, diesmal schneidet er nur deine Krallen. Das tut nicht weh!« Im gleichen Moment springt sein Vierbeiner auf und wedelt heftig mit seinem Schwanz. Sein Besitzer ist entzückt und meint, dass es gut war, ihm zu sagen, warum sie zum Tierarzt fahren. Hätte der Hund jedoch jeden Satz verstanden, wäre er verschreckt unter die Eckbank gekrochen. In Wirklichkeit hat er auf die freundliche Stimmlage reagiert und darauf, dass sein Besitzer ihn direkt angeschaut hat. Den Inhalt hat er überhaupt nicht erfasst, denn Hunde verstehen nicht jedes Wort.

Viele Hundehalter erklären auch wortreich, warum sie gleich ohne ihren Liebling für längere Zeit das Haus verlassen werden. Nimmt der Mensch dann Tasche und Schlüssel, geht sein Vierbeiner auf seinen Schlafplatz. Verstanden hat er kein Wort. Er hat nur auf das Geräusch des Schlüsselbundes und das Nehmen der Tasche statt seiner

Leine reagiert. Mit der Zeit hat er gelernt, welche Bedeutungen alle Aktionen seines Menschen haben. Die Worte an sich klangen für ihn so, als ob jemand in einer fremden Sprache ohne Punkt und Komma auf einen anderen einredet.

Es ist völlig in Ordnung, wenn Hundebesitzer mit ihren Lieblingen reden. Jedoch dürfen sie nicht glauben, dass sie einen Experten auf vier Pfoten haben, der die menschliche Sprache eins zu eins ins Hündische übersetzen kann. Der Vierbeiner reagiert auf Körpersprache, Tonlage und auf einzelne Worte, die er verknüpft hat. Auch können Hunde Silben unterscheiden, deshalb ist es wichtig, klar zu sprechen. Oft hören sie auf einen zweisilbigen Namen wie »Ba-lu« viel besser als auf den einsilbigen »Max«. Da zweisilbige Namen langgezogen und stärker betont werden können, reagieren Hunde schneller, wenn man sie ruft. Gerade in der Hundeerziehung ist es wichtig, Befehle nicht in einen Bandwurmsatz zu verpacken. Es reicht völlig aus, seinem Liebling ein einziges, klares, kurzes Kommando zu geben. »Sitz!« kann ein Hund besser umsetzen als: »Bitte, Bruno, setz dich hin.« Auch wenn man ihn für etwas Getanes positiv bestätigen will, sollte man ihm keine Lobeshymne vortragen. Ein prägnantes Wort, wie »Fein!«, »Prima!«, ist ausreichend.

Hunde sind dankbar, wenn sie mit klaren »Ansagen« motiviert werden. Dann verstehen sie auch im menschlichen Sinne jedes Wort.

W

Wedeln Hunde mit dem Schwanz, freuen sie sich stets

Eine Hundebesitzerin geht mit ihrem Australian Shepherd durch die Siedlung, an die ein breiter Feldweg angrenzt. Ihr Hund läuft völlig entspannt voraus, sie geht die Natur genießend hinter ihm her. Plötzlich rennt er zu einem Gartenhaus und bellt aufgeregt. Ein dicker roter Kater sitzt auf dem Dach. Der Australian Shepherd plustert sich auf und springt mit den Vorderpfoten gegen den Zaun. Dabei sind seine Ohren aufgerichtet, er fixiert das andere Tier und wedelt heftig mit seinem Schwanz. Doch freut er sich wirklich, den Kater zu sehen? Nein, ganz im Gegenteil! Es ist falsch zu glauben, dass generell jeder Hund mit einem Schwanzwedeln Freude ausdrücken will. Erst einmal bedeutet das Schwänzeln, dass er in einem Erregungszustand ist. In Wahrheit steckt er in einem inneren Konflikt. Einerseits kann er die Samtpfote nicht verjagen, andererseits ist er auch verunsichert. Denn der stolze Kater bewahrt seine stoische Ruhe und würdigt den heftig reagierenden Hund keines Blickes.

Allein die Position der Rute und die Geschwindigkeit des Wedelns haben mehrere Bedeutungen und stehen in direkter Verbindung mit anderen körpersprachlichen Ausdrucksweisen. Wedeln zeigt eine innere Unentschlossenheit. Soll er zum Beispiel vor Angst weglaufen oder doch lieber bei seinem Menschen bleiben? Einen Artgenossen attackieren oder lieber das Weite suchen?

Auch andere Ursachen können Hunde zum Wedeln veranlassen. Suchen Rettungshunde in einem Trümmerfeld nach Vermissten, werden sie dabei mit dem Schwanz wedeln, weil sie durch die anstrengende Sucharbeit angespannt und äußerst konzentriert sind.

Das Wedeln kann auch ein Anzeichen für eine gleich folgende aggressive Reaktion sein. Zum Beispiel liegt ein Mischling im Garten und kaut genüsslich auf seinem Gummiring herum. Auf der Terrasse sitzt sein Mensch mit einem Freund. Dem Gast fällt auf, dass der Vierbeiner schon die ganze Zeit im Gras liegt. Da tut es ihm sicher gut, wenn er ihm zur Abwechslung den Ring wirft. Ein bisschen Bewegung hat noch niemandem geschadet. Er steht auf und geht direkt auf den Vierbeiner zu. Doch der Hund ist anderer Meinung, springt auf, fixiert ihn, während er seine hoch erhobene Rute hin und her bewegt. Dieser Hund freut sich nicht über den potenziellen menschlichen Spielgefährten, sondern warnt, dass er sein Spielzeug verteidigen wird und der Besucher besser einen Schritt zurück machen sollte. Würde der Mensch das Wedeln als Freude interpretieren und das Spielzeug aufnehmen, um es zu werfen, könnte ein Schnappen nicht ausgeschlossen werden. In diesem Fall wedelt der Mischling, weil er erregt ist und sich noch nicht für einen direkten Angriff entschieden hat. Dafür sind der steil aufgerichtete Schwanz und das Fixieren eindeutige Zeichen, an denen man erkennt, dass er nicht freundlich gestimmt ist.

Selbstverständlich ist das Wedeln auch ein Ausdruck von Freude. Zwei junge Mädchen gehen über einen Dorfplatz. Direkt am Brunnen steht eine Frau und unterhält sich. Ihr aufmerksamer Dalmatiner beobachtet die beiden jungen Frauen. Da die beiden begeisterte Hundeliebhaberinnen sind, sprechen sie ihn an. Und wirklich, er kommt ihnen schwänzelnd entgegen. In diesem Fall freut er sich wirklich und kommt aus dem Wedeln gar nicht mehr heraus.

Der Mensch sollte sich allerdings nie allein auf das vertrauenerweckende Schwanzwedeln verlassen, sondern zusätzlich auf die dazugehörige Körpersprache achten. Beide zusammen geben dem Zweibeiner oder auch anderen Vierbeinern die Information über seinen momentanen emotionalen Zustand. Vor allem sollten Kinder, bevor sie einen Vierbeiner streicheln, den Besitzer fragen, ob sein Hund freundlich ist.

Welpenerziehung ist nicht notwendig

Welpen sind alle tapsig, unbeholfen und einfach nur zum Liebhaben. Sie erobern im Nu die Herzen der Hundefreunde. Machen sie etwas kaputt, wird es gern in Kauf genommen, weil der Vierbeiner ja noch so jung ist. Läuft er dann noch zielstrebig dem Halter hinterher, ist es um diesen geschehen. Er ist stolz darauf, für sein Hündchen das Wichtigste zu sein. Für viele Hundebesitzer ist der Welpe ihr Baby, das erst einmal selbst die Welt entdecken soll. Deshalb sei es viel zu früh, mit der Welpenerziehung zu beginnen, da so ein süßer Kerl damit bestimmt überfordert ist. Verständlich, aber nicht richtig! Gerade die Welpenzeit sollte genutzt werden, um mit der Erziehung spielerisch zu beginnen. Kommt der kleine Vierbeiner ins Haus, sollte er von vornherein wissen, was er darf und was nicht. Außerdem fördert es die Bindung, wenn sein Besitzer mit ihm nicht nur spielt, sondern sich auch intensiv mit ihm beschäftigt, indem er ihm unter anderem Kommandos wie »Sitz!« und »Platz!« beibringt (siehe auch: »**Sitz!**« oder »**Platz!**«). Dazu gehört, die Ohren zu säubern, ins Maul zu schauen oder das Fell zu bürsten. Manche Welpen werden sicher versuchen, erst einmal ihren Kopf durchzusetzen und ein Spiel zu beginnen. Je konsequenter der Mensch dann ist, desto schneller lernen Welpen. Auch begreifen sie gut den Unterschied zwischen Pflicht- und Spielprogramm. Es geht nicht darum, einen Welpen bereits perfekt zu erziehen, denn das kann er noch nicht leisten. Jedoch sollte er die Bedeutung der Grundkommandos kennen. Ebenso ist es wichtig, dass er weiß, dass der Besitzer die Führungsrolle hat (siehe auch: **Rangfolge**). Ein Welpe denkt und verknüpft bereits wie ein erwachsener Hund. Außerdem ist es die beste Zeit, ihm Neues nahezubringen (siehe auch: **Präge- und Sozialisierungsphase**). Fängt man damit zu spät an, kann er unsicher werden, da ihm sein Mensch zu wenig Orientierung gegeben hat und er sozusagen auf sich selbst aufpassen muss. Somit geht er eher ängstlich auf fremde Menschen und Artgenossen zu, kläfft sie unter Umständen an und fühlt sich in neuen Situationen überfordert. Oder er ist zu stürmisch und hektisch, was ihn wiederum stresst (siehe auch: **Stress**).

Sicher darf einem Welpen nicht zu viel auf einmal beigebracht werden, und er muss ausreichend schlafen. Doch wenn er wach ist, ist er lernbegierig und will mit seinem Besitzer etwas unternehmen. Auch der Besuch eines Welpenkurses ist für den Halter zu empfehlen. Da jeder Welpe anders ist, kann ein Hundetrainer dem Besitzer zusätzliche wertvolle Tipps geben (siehe auch: **Welpenkurs**).

Welpen sind anstrengend, zeitintensiv und erfordern vom Besitzer viel Geduld. Beginnt man frühzeitig mit der Erziehung, wird der Welpe zu einem Junghund, der aufmerksam ist und Spaß am Ausführen der Kommandos hat.

Beim **Welpenkauf** am besten die Sympathie entscheiden lassen

Wer sich einen Welpen wünscht und im Internet oder in Zeitungen recherchiert, hat die Qual der Wahl. Einer sieht niedlicher aus als der andere. Der eine hat weißes Fell, schwarz umrandete Augen und schwarze Pfoten. Ein anderer hat braunes, gelocktes Fell, Fledermausohren und große dunkle Augen, die den Hundeliebhaber mitten ins Herz treffen. Mehrmals blättert der Welpenbesitzer in spe zu einer Zeitungsseite zurück, um ihn noch einmal anzuschauen oder klickt ihn immer wieder im Internet an. Nach einer schlaflosen Nacht greift er dann doch zum Telefon oder schickt eine Mail und verabredet ein Kennenlernen.

Doch Vorsicht, so einfach sollte man es sich nicht machen. Beim Welpenkauf ist es keinesfalls ratsam, nur die Sympathie entscheiden zu lassen. Hat man den Welpen nur per Bild ausgesucht, weiß man nicht, wie er aufwächst, und oftmals sieht es vor Ort ganz anders aus als beschrieben. Meistens werden auf diese Weise Hunde aus dem Tierschutz vermittelt (siehe auch: **Tierschutz**). Leider gibt es immer noch skrupellose Massenzüchter, die kranke Welpen verkaufen und bei denen die Hündinnen und Rüden unter qualvollen Bedingungen dahinvegetieren. Rassehunde, die sehr preiswert verkauft werden, sind in den meisten Fällen nicht gesund oder wachsen unter keinen gut prägenden Verhältnissen auf (siehe auch: **Präge- und Sozialisierungsphase**).

Hat sich eine Familie für eine Rasse oder für einen Mischlingswelpen entschieden, ist es wichtig zu prüfen, ob der neue Mitbewohner zu den eigenen Lebensumständen passt (siehe auch: **Hütehunde**, **Rassen**). Hat man einen Mischling ausgesucht, sollte man sich genau informieren, aus welchen Rassen er bestehen könnte. Viele Tiere sind ein Jagdhund-Mix, und später ist kein Wild vor ihnen sicher. Bei einem Rassehund sollte ein Züchter, der Mitglied in einem eingetragenen Verband ist, kontaktiert werden. Bei der ersten Besichtigung sollte sich der Hundeliebhaber Zeit nehmen, die Welpen zu beobachten. Gerade im Zusammenleben mit ihren Geschwistern sind bereits Unterschiede in ihrem Wesen erkennbar. Dabei ist es egal, welchem Geschlecht sie angehören. Wird zusätzlich ein sogenannter Welpentest durchgeführt, ist noch besser zu erkennen, welcher tapsige Kerl am besten passt. Dazu nimmt man den Welpen auf den Schoß und dreht ihn spielerisch auf den Rücken oder hält ihn wie einen Säugling im Arm. Bleibt er etwas länger liegen, ohne zu zappeln, ist das ein gutes Zeichen. Fängt er an, sofort unruhig zu werden, ist er auch derjenige, der als Erster am Futternapf steht. Dieser Vierbeiner ist selbstbewusst und weiß, was er will. Er wird nicht jede Regel von vornherein akzeptieren, sondern seine Besitzer vor größere Herausforderungen stellen. Meistens sind sie nur für hundeerfahrene Halter geeignet. Liegt ein Welpe im Gegensatz dazu in der Ecke, lässt sich problemlos auf den Arm nehmen und bleibt dabei entspannt, ist dieser im Umgang einfacher. Auch kann man den Welpen in eine für ihn unbekannte Situation bringen, indem man ihn beispielsweise auf einen Stuhl setzt. Bleibt er souverän sitzen, bringt ihn auch später nichts so schnell aus der Ruhe. Er kann ideal für gemütliche Menschen sein, die einen etwas leichter zu erziehenden Hund haben möchten. Der Welpe, der neugierig angelaufen kommt und über einen Stuhlrand hinausblicken will, ist meistens genau der Richtige, mit dem sich eine Familie oder jüngere Leute wohlfühlen.

Ein Hund wird bei vielen Menschen zu einem heiß geliebten Familienmitglied und lebt zwölf, vierzehn Jahre oder länger mit ihnen. Deshalb sollte ein Kauf gut überlegt sein, und jeder Züchter oder Vorbesitzer sollte Verständnis dafür zeigen, wenn ein Hundeliebhaber nochmals eine Nacht darüber schlafen will, ob der Welpe wirklich in sein Leben passt. Auch sollten Eltern nicht darauf hören, wenn die Kinder unbedingt einen Hund haben wollen und ihnen hoch und heilig versprechen, dass sie sich viel um ihn kümmern werden. Meistens flaut dieser Enthusiasmus ab, wenn die Kinder älter werden oder ausziehen.

Generell sollte ein Hundeliebhaber sich niemals dazu überreden lassen, dass ihm ein Welpe gebracht oder auf einem Parkplatz übergeben wird. Ein Hundefreund sollte nicht nur den Welpen, sondern auch seine Mutter kennenlernen und sich vor allem anschauen, wie die Hunde leben.

Wer einen Welpen ins Haus holen will, sollte auch überlegen, ob er ausreichend Zeit für ihn erübrigen kann. Hat der Mensch all die Kriterien beachtet und den für ihn richtigen Welpen gefunden, sollte einer liebevollen Mensch-Hund-Beziehung nichts mehr im Weg stehen.

Ein **Welpenkurs** ist dasselbe wie eine Welpenspielgruppe

Ein frisch gebackener Hundebesitzer möchte seinem elf Wochen alten Boxer-Welpen nicht nur viel Kontakt zu Artgenossen ermöglichen, sondern er legt auch großen Wert auf eine gute Erziehung. Da er weiß, dass man bereits im Welpenalter damit beginnen sollte, meldet er sich und seinen tollpatschigen süßen Kerl für eine Schnupperstunde in einer Welpenspielgruppe an (siehe auch: **Welpenerziehung**). Dort sind viele große und kleine Welpen, die munter umherrennen. Alle Hunde vergnügen sich ohne Halsband oder Brustgeschirr, damit sie sich nicht gegenseitig verletzen können. Während sie toben, wirft der Hundetrainer immer wieder einen Blick auf die vierbeinige Rasselbande, um notfalls eingreifen zu können. Denn auch Welpen untereinander können zu grob werden oder einen anderen mobben. Die Hundebesitzer können dem Trainer auch Fragen zur Erziehung und Ernährung stellen (siehe auch: **Ernährung**). Doch meist vergessen sie es, da sie sich über ihre Welpen amüsieren, die sich kabbeln, gegenseitig schubsen, spielerisch zwicken und sich jagen. Das ausgelassene Toben macht sie müde, und so lassen sich die Welpen kurz vor dem Ende der Spielstunde freiwillig anleinen. Dann wird noch kurz »Sitz!« und »Platz!« geübt, bevor der Hundebesitzer mit seinem verausgabten Boxer nach Hause fährt. Obwohl er gesehen hat, wie viel Spaß seinem Kleinen die Welpenspielgruppe gemacht hat, ist er unzufrieden. Eigentlich wollte er viel mehr mit seinem Kerlchen gemeinsam machen und gezeigt bekommen, wie er ihm die verschiedenen Kommandos beibringen kann. Hierfür wäre ein Welpenkurs allerdings geeigneter, der mit einer Welpenspielgruppe nicht zu verwechseln ist. In einem Welpenkurs lernen Zwei- und Vierbeiner gemeinsam. Dies ist auch sehr sinnvoll, denn in diesem Alter lernen sie gern. Darf der Boxer wie in einer Welpenspielgruppe die ganze Zeit mit anderen Welpen herumtoben, schenkt er den Artgenossen statt seinem Menschen die volle Aufmerksamkeit. Dadurch wird der Zweibeiner für ihn unwichtig.

Doch im Zusammenleben ist der Halter sein Sozialpartner, weshalb es erforderlich ist, dass beide viel Zeit miteinander verbringen. Zusätzlich lernt der Kleine auch, dass nicht jeder Artgenosse ein potenzieller Spielgefährte ist. In einem Kurs wird dem Besitzer gezeigt, wie er es erreichen kann, dass sein Vierbeiner die Grundkommandos ausführt, er die Führungsrolle übernimmt und er seinen Welpen am besten motiviert (siehe auch: **Rangfolge**). Aber auch an den Spaßfaktor wird gedacht. So begleitet der Besitzer seinen Hund durch einen Hindernisparcours und spielt mit ihm gemeinsam, wodurch die Bindung zu seinem Menschen verstärkt und gegenseitiges Vertrauen aufgebaut wird. Auch hat ein Kurs den Vorteil, dass sich manche Kommandos besser zu zweit trainieren lassen, wie beispielsweise auf Zuruf zu kommen. Dafür wird der Welpe behutsam vom Trainer festgehalten, und dessen Besitzer entfernt sich. Aus einer bestimmten Distanz wird der Vierbeiner freudig gerufen, und der Trainer lässt ihn in dem Moment los. So schnell, wie ihn seine Pfoten tragen, rennt er zu seinem Menschen, der ihn überschwänglich lobt.

Natürlich ist es wichtig, dass ein Welpe auch gut sozialisiert wird und lernt, dass er nicht mit jedem anderen Hund auf die gleiche Art und Weise umgehen kann. Daher dürfen die Welpen zwischen den Lerneinheiten miteinander spielen. Der Besitzer wird nach absolviertem Kurs sicher stolz auf seinen gelehrigen Vierbeiner sein.

Der Welpenschutz verhindert Angriffe von fremden Artgenossen

Der niedliche Foxterrier-Welpe, der mit seinem Hundebesitzer durch den Park geht, ist entzückend. Der Halter amüsiert sich über seinen unbekümmerten Kleinen, der zu allen Leuten und vor allem Artgenossen hinläuft. Diese werden voller Begeisterung angesprungen, und der Welpe versucht, zur Begrüßung ihre Lefzen zu lecken. Der Besitzer sieht dem Treiben gelassen zu, da er nicht damit rechnet, dass sein Foxterrier ein Problem mit einem fremden Hund bekommen könnte. Sein Hündchen hat ja einen Welpenschutz. Doch das ist ein Irrtum! Den sogenannten Welpenschutz gegenüber Artgenossen gibt es nicht! Er existiert nur im eigenen Rudel.

Es gibt durchaus auch Vierbeiner, die partout keine Welpen mögen, etwa, wenn sie selbst in diesem Alter schlechte Erfahrungen mit anderen Welpen gemacht haben oder sie ihnen lästig sind. Da Welpen Hundekontakte positiv erleben sollten, ist es ratsam, sie nicht mit jedem Artgenossen zusammenzulassen. Doch generell sollten sich die Kleinen an andere Hunde gewöhnen (siehe auch: **Welpenkurs**). Es ist empfehlenswert, den anderen Hundebesitzer zu fragen, ob sein Vierbeiner mit fremden Welpen verträglich ist. Ist das der Fall, dürfte einer Begegnung nichts im Wege stehen. Selbst wenn nach einer anfangs friedlichen Begegnung der ältere Hund anfängt, das aufdringliche Hündchen zu maßregeln, indem er es anknurrt oder leicht wegschnappt, ist das völlig in Ordnung. Diese Erziehungsmethode sollte zugelassen werden, damit der Welpe lernt, sich älteren Tieren gegenüber respektvoll zu benehmen. Denn je mehr positiven Kontakt ein junger Hund zu anderen Vierbeinern bekommt, umso souveräner wird er sich später Artgenossen gegenüber zeigen.

Z

Zecken dürfen nur herausgezogen werden

Endlich wird es Frühling, und mit den ersten warmen Sonnenstrahlen zeigen sich auch die ersten Zecken. Sie sitzen im Gras oder an Sträuchern, wovon sie sich von den Hunden abstreifen lassen. Dann krabbeln sie durch das Fell und suchen sich den besten Platz. Häufig findet sich dort eine Zecke, wo sich der Hund häufig kratzt.

Infizierte Zecken sind nicht nur für den Menschen, sondern auch für Hunde gefährlich und können sogar tödlich sein. Egal, wie genau der Besitzer ist und welches Zeckenmittel er benutzt, hundertprozentig lässt sich ein Biss nicht vermeiden. Die Zecke betäubt die Stelle mit ihrem Speichel, und erst, wenn sie das Saugen beginnt, juckt der Stich.

Doch wie bekommt man diese blutsaugenden Parasiten wieder heraus? Vom Beträufeln mit Öl oder Klebstoff ist abzuraten. Eine weitverbreitete Meinung ist auch, dass sie herausgezogen werden müssen. Da sie kein Gewinde wie eine Schraube besitzen, klingt das plausibel. Aber Vorsicht bei dieser Methode! Zecken sollten nicht herausgezogen werden. Beim Herausziehen bleibt leicht der Kopf in der Haut stecken; vor allem wenn sie noch klein sind, kann das zu Entzündungen führen. Besser ist es, sie mit einer Zeckenzange langsam herauszudrehen. Dabei sollte darauf geachtet werden, dass die Zange direkt hinter dem Kopf angesetzt wird, das heißt auf der Haut knapp über dem Fellansatz. Denn wird der Körper der Zecke zusammengedrückt, gelangen die Erreger, die sich im Darmtrakt befinden, leichter in die Blutbahn des Hundes. Danach sollte überprüft werden, ob die herausgezogene Zecke noch komplett ist.

Manche Hundebesitzer warten, bis sie größer geworden ist, weil sie sich dann leichter entfernen lässt. Es ist aber wichtig, eine Zecke so schnell wie möglich herauszudrehen. Erreger, wie beispielsweise die der Borreliose, werden bereits nach einigen Stunden auf den Vierbeiner übertragen.

Da Zecken Überlebenskünstler sind, lassen sie sich weder in Wasser noch in Öl ertränken. Deshalb sollte man sich vergewissern, dass sie sich wirklich nicht mehr bewegen. Um den Vierbeiner zu schützen, gibt es viele verschiedene Produkte wie Spot-On-Lösungen (eine Flüssigkeit zum Auftragen auf die Haut), Globuli oder andere natürliche Mittel, die bei jedem Vierbeiner verschieden gut wirken. Auch wird nicht jeder Hund gleich stark befallen. Hundebesitzer müssen jedenfalls nicht in Panik geraten, denn normalerweise überstehen Vierbeiner die Bisse ohne Folgen.

Zerrspiele mit ihrem Menschen dürfen Hunde nie gewinnen

Der Hund hat Geburtstag. So fährt der Zweibeiner mit ihm in ein Geschäft für Tierbedarf. Zielstrebig steuert der Vierbeiner auf ein buntes Hundetau zu. »Das perfekte Geschenk«, denkt sein Mensch, denn Zerrspiele sind seines Wissens nach gut geeignet, um die Beziehung zu einem Hund weiter zu festigen. Der Besitzer stellt erfreut fest, wie viel Spaß das Zerrspiel seinem Liebling macht. Dieser wedelt aufgeregt mit dem Schwanz und versucht seinem Halter das Tau zu entreißen. Der Zweibeiner hält dagegen, denn er weiß, dass sein Hund nie ein Spiel gewinnen darf.

Dadurch würde der Mensch automatisch das Dominanzverhalten seines Hundes wecken und als Führungsperson nicht mehr ernst genommen werden. Doch dann hat sein Liebling das Tau erobert und läuft stolz mit dem Spielzeug im Maul umher. Der Hundehalter ist besorgt und befürchtet, ab jetzt der Unterlegene zu sein. Doch keine Angst! Vierbeiner dürfen auch gewinnen. Wichtig ist, darauf zu achten, dass der Hund nicht jedes Mal das Spielzeug behält und dass kein echtes Kräftemessen entsteht. Dadurch wäre das Tier seinem Menschen überlegen und würde zusätzlich das Spiel immer beenden. In diesem Fall würde sich ein Vierbeiner unbesiegbar fühlen, und aus einem ursprünglich spaßigen Spiel könnte hündischer Ernst werden. Geschieht dies, sollte der Besitzer das Spiel auf der Stelle abbrechen, das Tau loslassen und von ihm weggehen. Denn er darf keinesfalls zum Spielball seines Hundes werden. Findet dagegen ein freundliches Agieren zwischen beiden statt, sollte sein Liebling auch gewinnen dürfen. Hätte er überhaupt keine Erfolgserlebnisse, würde ihm das gemeinsame spielerische Zerren keinen Spaß mehr machen.

Damit das gemeinsame Spiel zwischen beiden ein ausgewogenes Gewinnen und Verlieren ist, sollte der Vierbeiner lernen, das Spielzeug auf Befehl wieder herzugeben. Das ist ebenfalls die Voraussetzung dafür, dass sich der Hund nicht in das Spiel hineinsteigern kann, wenn es immer mal wieder unterbrochen wird.

Gibt der Hund auf Kommando das Tau ab, sollte man gleich weiterspielen. Übrigens muss bei Welpen darauf geachtet werden, dass man nicht zu stark zieht, weil sonst die Milchzähne leicht abbrechen können.

Macht der Mensch mit dem Vierbeiner ein Zerrspiel, das sie miteinander und nicht gegeneinander spielen, haben beide viel Freude dabei und zusätzlich festigt es auch ihre Bindung.

Zweithunde vereinfachen generell die Hundehaltung

Da Hunde Rudeltiere sind, glauben viele Hundebesitzer, dass ihr Vierbeiner glücklich sein müsste, wenn ein Zweithund ins Haus kommt. Außerdem sind sie der Meinung, dass es kein größerer Aufwand ist, ob sie ein oder zwei Hunde füttern oder mit ihnen Gassi gehen. Vor allem sind sie davon überzeugt, dass es ihren Alltag erleichtert, da sich die zwei miteinander beschäftigen können und der eine vom anderen lernt. Doch Zweithunde erleichtern nicht generell die Hundehaltung.

Möchte man einen zweiten Vierbeiner haben, ist es sinnvoller, wenn sich die Tiere erst einmal auf neutralem Boden kennenlernen. Noch vor der Anschaffung sollte man bedenken, dass viele Hunde ihre Alleinherrschaft genießen. Über Jahre sind sie es gewohnt, die Streicheleinheiten und Aufmerksamkeiten allein zu bekommen. Dadurch kann es vorkommen, dass sie den zweiten Hund anknurren oder wegschnappen werden.

Nehmen Hundehalter zu ihrem erwachsenen Vierbeiner einen Welpen hinzu, glauben sie auch oft, dass der sich sozusagen von allein erzieht, weil er sich das Können vom Älteren abschaut. Der Welpe kann genauso gut den Älteren dazu verleiten, auch Unfug zu machen. Da der Kleine mehr Zeit beanspruchen wird, ist es sehr gut möglich, dass sich der erwachsene Vierbeiner vernachlässigt fühlt und nicht mehr so gut folgt.

Auch werden zwei Hunde wahrscheinlich die Rangfolge austesten (siehe auch: **Rangfolge**). Fangen sie an zu raufen, sollte der Besitzer nur bei einem ernsthaften Kampf dazwischengehen. Bei zwei unkastrierten Rüden kann es passieren, dass einer oder beide anfangen, im Haus zu markieren. Steht der Ranghöhere fest, sollte das vom Halter akzeptiert werden. Das heißt, der Ranghöhere wird als Erstes begrüßt wie auch gestreichelt und bekommt zuerst etwas zu fressen. Der Rangniedrige sollte nicht bemitleidet werden, er fühlt sich in seiner Rolle wohl.

Ein älterer Hund kann aber auch von einem sehr viel jüngeren Neuankömmling genervt sein. Probleme kann es auch geben, wenn beide Hunde sehr verschiedene Charaktere haben (siehe auch: **Rassen**). Um beiden gerecht zu werden, brauchen sie unterschiedliche Beschäftigungsformen. Der eine liebt vielleicht Suchspiele, der andere mehr das Ballspielen.

Denkt der Hundeliebhaber daran, sich zwei Welpen zu holen, ist die Hundehaltung ebenfalls nur auf den ersten Blick einfacher. Beide spielen und toben zwar im Welpen- und Junghundealter miteinander und brauchen den Menschen dafür nicht. Für den Besitzer wird es aber schwierig werden, zu jedem von ihnen eine intensive Beziehung aufzubauen. Deshalb sollte er sich viel mit ihnen beschäftigen und mit der konsequenten Erziehung beginnen (siehe auch: **Welpenerziehung**). Dadurch wird er die Hauptbezugsperson und der Ranghöhere für beide Hunde werden und nicht der andere Artgenosse. Auch müssen beide gleichzeitig die Stubenreinheit erlernen und parallel erzogen werden. Geht man beispielsweise in eine Hundeschule, ist es schwer, sich auf beide zu konzentrieren. Daher sollte man anfangs mit jedem einzeln üben. Trainiert man später mit beiden gleichzeitig, ist es notwendig, erst den Namen zu nennen und dann den Befehl auszusprechen. Reagiert der Falsche, sollte dieser ignoriert werden, damit der Mensch weiterhin der Agierende bleibt. So lernen die Kleinen, auch getrennt voneinander zu hören.

Auch stimmt es nicht, dass Hunde automatisch allein gelassen werden können, nur weil sie zu zweit sind. Es kann gut sein, dass dann eben beide kläffen und winseln (siehe auch: **allein bleiben**). Ebenfalls ist es wichtig, den Vierbeinern beizubringen, ohne ihren Artgenossen sein zu können. Dabei hilft es, öfter einmal nur mit einem allein spazieren zu gehen. Sonst kann es massive Probleme geben, wenn einer doch mal alleine bleiben muss oder einer irgendwann den anderen überlebt.

Hundehalter brauchen kein schlechtes Gewissen zu haben, wenn sie nur einen Vierbeiner besitzen. Hunde sind gern allein bei ihrem Zweibeiner, wenn sie ein ihrer Art entsprechendes Leben führen können (siehe auch: **Artgerecht**). Hat ein Hundeliebhaber jedoch ausreichend Zeit für zwei Hunde und übernimmt die Führung, werden sie eine Bereicherung für sein Leben sein.

Weiterführende Literatur

Biber, Vera: Hilfe, mein Hund ist unerziehbar! Verhaltensänderung durch Futterumstellung. Erfahrungen und Ratschläge. Verlag Hartmut Becker, Kirchhain 1999

Blenski, Christiane: Schnüffelspiele für Hunde. Der Nasenspaß für jeden Hund. Franckh-Kosmos Verlag, Stuttgart 2009

Bloch, Günther: Der Wolf im Hundepelz. Hundeerziehung aus unterschiedlichen Perspektiven. Franckh-Kosmos Verlag, Stuttgart 2004

Bloch, Günther/Radinger, Elli H.: Wölfisch für Hundehalter. Von Alpha, Dominanz und anderen populären Irrtümern. Franckh-Kosmos Verlag, Stuttgart 2010

Coren, Stanley: Die Geheimnisse der Hundesprache. Lernen Sie Ihren Hund verstehen und mit ihm zu kommunizieren. Franckh-Kosmos Verlag, Stuttgart 2002

Dehasse, Joël: Ist mein Hund wirklich dominant? Zusammenleben mit Hunden in Hierarchie. Verlag videel, Niebüll 2002

Dehasse, Joël: Mein junger Hund hat Probleme. Diagnose und Lösungen für Verhaltensstörungen. Verlag videel, Niebüll 2002

Feddersen-Petersen, Dorit Urd: Ausdrucksverhalten beim Hund. Mimik und Körpersprache, Kommunikation und Verständigung. Franckh-Kosmos Verlag, Stuttgart 2008

Gröning, Pia/Ullrich, Ariane: Antijagdtraining. Wie man Hunde vom Jagen abhält. MenschHund! Verlag, Zossen 2011

Jones, Renate: Aggression bei Hunden. Von Besitzanspruch bis Drohverhalten. Franckh-Kosmos Verlag, Stuttgart 2009

McConnell, Patricia B.: Das andere Ende der Leine. Was unseren Umgang mit Hunden bestimmt. Piper Verlag, München 2009

Pietralla, Martin: Clickertraining für Hunde. Franckh-Kosmos Verlag, Stuttgart 2003

Reinhardt, Clarissa von: Leinenaggression. Mit ausführlichem Kapitel über Leinenführigkeit. animal learn Verlag, Bernau 2008

Rugaas, Turid: Calming Signals. Die Beschwichtigungssignale der Hunde. animal learn Verlag, Bernau 2001

Rütter, Martin: Sprachkurs Hund. Körpersprache verstehen, richtig kommunizieren. Franckh-Kosmos Verlag, Stuttgart 2009

Strodtbeck, Sophie/Gansloßer, Udo: Kastration und Verhalten beim Hund. Müller Rüschlikon Verlag, Stuttgart 2011

Theby, Viviane/Peitz, Lisa: Dummytraining Schritt für Schritt. Apportieren leicht gemacht. Kynos Verlag, Nerdlen/Daun 2009

Trumler, Eberhard: Der schwierige Hund. Kynos Verlag, Mürlenbach/Eifel 1994

Winkler, Sabine: So lernt mein Hund. Der Schlüssel für die erfolgreiche Erziehung und Ausbildung. Franckh-Kosmos Verlag, Stuttgart 2001

Alwin Schönberger

Die einzigartige Intelligenz der Hunde

320 Seiten mit 20 Abbildungen. Piper Taschenbuch

Dieses Buch bestätigt, was Hundehalter ohnehin schon immer wußten: Hunde, seit über 15 000 Jahren ständige Begleiter des Menschen, besitzen eine ungewöhnliche Intelligenz und lösen schwierigste Aufgaben. Auf ganz verblüffende Weise passen sie ihr Verhalten an das des Menschen an. Alwin Schönberger hat die neuesten Forschungsergebnisse ausgewertet und erzählt davon, was Wissenschaftler inzwischen über den besten Freund des Menschen herausgefunden haben.

»Alwin Schönbergers Buch ist ein Muß für den gebildeten Hundehalter, läßt sich aber ebenso als spannende Einführung in Methoden und Hypothesen der Genetik, der Verhaltens- und Evolutionsforschung lesen.«

Berliner Zeitung

05/2321/02/L

John Lloyd & John Mitchinson

Verliebte Mäuse singen

Unnützes Wissen aus dem Reich der Tiere. Aus dem Englischen von Ralf Pannowitsch. 304 Seiten. Piper Taschenbuch

Wussten Sie, dass Albatrosse zehn Jahre nonstop fliegen können, Hummer 100 Jahre alt werden, Würmer Zigaretten rauchen und Mäuse singen, während sie sich lieben? Nach dieser Safari wird den Leser nichts mehr wundern. Wie Tiere – Hund, Katz, Erdferkel, Binturongs, Asseln, Pinguine und all die anderen – fressen, schlafen, sich bewegen und fortpflanzen, das bietet mehr, als die menschliche Phantasie sich je wird vorstellen können.

05/2560/01/R

Stefan Merrill Block

Wie ich mich einmal in alles verliebte

Roman. Aus dem Englischen von Marcus Ingendaay. 352 Seiten. Piper Taschenbuch

Abel ist verliebt – in Mae, die Frau seines Bruders. Als Mae eines Tages spurlos verschwindet, zerbricht Abels Welt. Die Jahre vergehen. Sein Bruder stirbt. Die Farm verfällt. Aber Abel gibt nicht auf. Er wird warten, bis Mae zurückkommt. Doch als es eines Tages endlich an seiner Tür klopft, steht dort nicht Mae, sondern ein Fremder …

»Stefan Merrill Block dürfte ein Name sein, den man sich für die Zukunft unbedingt merken sollte.«
Frankfurter Allgemeine Zeitung

»Bunt, fantastisch und mit großer Souveränität geschrieben.«
Die Zeit

05/2498/01/L

Helge Timmerberg, Frank Zauritz

Timmerbergs Tierleben

Vorwort von Heinz Sielmann. 144 Seiten vierfarbig mit 53 Farbfotos von Frank Zauritz. Piper Taschenbuch

Neugierig und furchtlos ist Helge Timmerberg durch die Zoos gezogen und hat sie alle besucht: Riesenschildkröte Leopold, Eisbär Lars, Wölfin Kunigunde oder Walross Antje. Er beschreibt ihre unterschiedlichen Liebes- und Jagdtechniken, die immer wieder zum Lachen verleiten, und erklärt, wie man mit einem attackierenden Strauß fertig wird oder wie man ein Breitmaul-Nashorn streichelt. Eine großartige Hommage an die Tierwelt, illustriert mit wunderbaren Farbfotografien von Frank Zauritz.

»Timmerbergs zoologische Kunststücke über den Killer-Strauß, den besoffenen Elefanten Hussein oder Zoowärter Toni sind urkomisch und so lehrreich wie Baron Münchhausens Abenteuer.«
Amica

05/2142/02/R

Fred Sellin

Wenn der Vater mit dem Sohn

Unsere Wanderung durch Deutschlands unbekannte Mitte. 320 Seiten. Piper Taschenbuch

Fred Sellin erzählt von seiner siebenwöchigen Wanderung mit Sohn Robin – einer Wanderung durch unbekanntes Heimatland. Vorbei an verfallenden Grenzbauten, ehemaligen Stasi-Agentenschleusen, verwunschenen Klosteranlagen, düsteren Burgruinen und entvölkerten Orten, durch idyllische Täler und auf überwucherten Wegen erleben die beiden deutsche Mentalitäten und Landschaften. Ihre Reise im Sommer 2008 wird ein großes spontanes Abenteuer zu zweit, bei dem Vater und Sohn sich immer wieder gegenseitig überraschen und neu kennenlernen.

05/2465/01/L

Katja Büllmann

Eine einzige Reise kann alles verändern

Frauen erzählen. 240 Seiten. Piper Taschenbuch

Ob auf Fotosafari in Kenia oder beim Wanderurlaub in der Schweiz, mit Rucksack durch die Anden oder im Wohnmobil aufs Geratewohl – jede Reise eröffnet neue Horizonte, schärft den Blick auf sich selbst, und manchmal kann sie ein ganzes Leben verändern. Die Reisejournalistin Katja Büllmann stellt Frauen on tour vor, Frauen wie du und ich, die mutig genug waren, um noch einmal ganz von vorn anzufangen: fünfzehn Lebenswege ins Glück, in einem anderen Land, für ein neues berufliches Ziel oder die echte Liebe.

05/2688/01/R

Gunter Frank

Lizenz zum Essen

Stressfrei essen, Gewichtssorgen vergessen. 336 Seiten.
Piper Taschenbuch

Alle wollen abnehmen, kaum einer schafft es. Obst essen und Sport treiben, dann purzeln die Kilos? Von wegen! Doch jeder, der sich mit dem Problem herumschlägt, fragt sich: Was hilft denn nun wirklich? Nach allem, was Medizin, Ernährungswissenschaft und Psychologie wissen, kann es nur eine Antwort geben: Schluss mit Stress, Verzicht und schlechtem Gewissen beim Essen. Genießen Sie, worauf Sie am meisten Appetit haben! Dieses revolutionäre Buch des Mediziners Gunter Frank ist die Lizenz zum Essen.

05/2619/01/L

Anne Donath

Wer wandert, braucht nur, was er tragen kann

Bericht über ein einfaches Leben.
192 Seiten mit 49 Fotos.
Piper Taschenbuch

Nach vielen Reisen in der algerischen Sahara wagte Anne Donath den Sprung in ein neues Leben und trennte sich von allem, was man nicht wirklich braucht. Seitdem macht sie in ihrer Holzhütte, versteckt zwischen Weinreben und Rosen, ihren persönlichen Traum wahr – ohne Strom, Telefon, Heizung oder Fernsehen. Einen Tag in der Woche geht Anne Donath arbeiten, die restliche Zeit verbringt sie damit, zu leben und die Welt zu bereisen.

»Eine kleine Holzhütte, ein Stückchen Land: Über ihr einfaches Leben schreibt Anne Donath in ihrem klugen Buch – ohne falsche Romantik oder ideologische Scheuklappen.«
myself

05/2372/01/R